図解
ビル電気工事の実務
はじめての現場

一般財団法人 電気工事技術講習センター 著

本書を発行するにあたって，内容に誤りのないようできる限りの注意を払いましたが，本書の内容を適用した結果生じたこと，また，適用できなかった結果について，著者，出版社とも一切の責任を負いませんのでご了承ください．

本書は，「著作権法」によって，著作権等の権利が保護されている著作物です．本書の複製権・翻訳権・上映権・譲渡権・公衆送信権（送信可能化権を含む）は著作権者が保有しています．本書の全部または一部につき，無断で転載，複写複製，電子的装置への入力等をされると，著作権等の権利侵害となる場合があります．また，代行業者等の第三者によるスキャンやデジタル化は，たとえ個人や家庭内での利用であっても著作権法上認められておりませんので，ご注意ください．
本書の無断複写は，著作権法上の制限事項を除き，禁じられています．本書の複写複製を希望される場合は，そのつど事前に下記へ連絡して許諾を得てください．
出版者著作権管理機構
（電話 03-5244-5088，FAX 03-5244-5089，e-mail: info@jcopy.or.jp）

JCOPY ＜出版者著作権管理機構 委託出版物＞

推 薦 の 辞

　電気設備は，社会基盤を支えるインフラとして，必要不可欠な設備です．

　電気設備の安全性や機能性の確保に当たっては，電気設備そのものの信頼性はもとより各種電気機器の取付けや電気的接続など，工事が確実に行われることが重要です．

　確実な工事に基づく電気設備の構築に当たっては，その最前線において電気工事士法に基づく電気工事士を中心とした技術者の活躍に依存しています．

　確実な工事のノウハウは，現場において先輩から教えられながら，経験として積み上げられている部分もありますが，近年，こうした先輩が急速にリタイアされつつあり，技術の継承が課題となっています．

　今般，電気工事技術講習センターが，電気工事に従事している方々の技術の維持・向上に寄与すべく，現場経験の浅い電気工事士を対象とした電気工事技術に係る実務的な内容をまとめられたのは，時機にかなった企画です．

　電気設備の安全性と機能性が確保され，正しく施工されることは電気設備学会の本務でもあることから，本学会は電気工事技術講習センターのこの課題に呼応した調査を行うなどの協力をしました．

　電気設備の設計・施工等に関する書籍等は数多く存在しているものの，電気工事士の資格を取得した後に，実際の施工現場で活動していくために必要な情報をまとめた書籍は極めて少ないと感じています．本書は，こうした局面でたいへん役立つ情報を提供してくれています．

　本書を電気工事士の方々に活用いただき，一日も早く電気工事の専門技術者となられますことを願っています．

2018 年 2 月

一般社団法人 電気設備学会
会長　石　井　　　勝

はじめに

　電気工事は，単独で行われることは少なく，住宅，事務所ビル，工場などの建築工事と一体となって行われることから，建築工事の進捗に合わせて，その都度，必要な電気工事やその他のインフラ設備工事などを行わなければなりません．

　そのため，電気工事に際して，電気工事士は，他業種の作業も混在する工事現場の中でタイミング良くその知識や技能を発揮することが重要です．

　必要な知識や技能を習得した上で資格を取得した電気工事士が，経験の浅い実際の施工現場で迷うことなく電気工事を確実に実施していくためには，施設が構築されていく工程や建築等他職種との係わり，更には安全管理など，多くのことを学ぶ必要があります．

　本書は，電気工事士として新たに実務に就こうとされる方から，ある程度の実務経験を積み今後管理者として現場を取り仕切っていこうとされる方を対象として，電気工事士の方々が実際の現場でどのようなタイミングでその知識や技術を発揮していくのかを理解するために，そのノウハウをわかりやすく（作業者の現場目線に立って）解説しています．

　対象施設としては，新築の中規模事務所ビル（鉄筋コンクリート造り）をモデル工事現場としています．

　本書は，次の内容を網羅しています．
- 建物の着工から完成までの時系列に沿った建設工事と電気工事との係わり
- 電気工事の施工方法，工程管理，安全管理
- 電気工事士が知っておきたい関係法令など

　新築のビルでは，電気設備工事と建築工事とは各工程において連携を取りながら作業を進めることが重要です．よって，ビル建設現場における電気工事を知るためには建築工事との係わりについて十分に把握しておかなければなりません．

　本書では，工事の流れに沿って，図や写真などを使用し，電気設備工事と建築工事を対比させて，実際に行う電気工事士の仕事を建築工事の工程の流れに沿ってわかりやすく説明しており，実際の工事現場に居るような雰囲気で電気工事の現場を理解できるような構成としました．

　電気工事士の方々が工事現場で，自身の仕事に加え，混在する建築等他職種の方々との係わりや安全管理など，協調を取りながら電気工事を確実に実施してくださることを願っております．

2018年2月

一般財団法人　電気工事技術講習センター
理事長　深　山　英　房

目 次

1章 ビル建築現場の「ようす」
1.1 建築現場の工事用仮囲いの中の「ようす」を知ろう ………………… 2
1.2 建築現場の施設には何があるか ………………………………………… 6

2章 ビル建築現場における電気工事士の実務
2.1 電気工事士の役割は？ …………………………………………………… 14
2.2 施工図を読もう …………………………………………………………… 20
2.3 工程表を知ろう …………………………………………………………… 25
2.4 各工程における電気工事の実務 ………………………………………… 30

3章 ビル建築現場における安全
3.1 安全に対する心構えを …………………………………………………… 94
3.2 安全に作業するためには ………………………………………………… 95
3.3 現場での安全に関する催し ……………………………………………… 101

4章 電気工事士が知っておきたい関連法規
4.1 電気工事士が知っておきたい法規は？ ………………………………… 104
4.2 電気工事関連法規の種類は？ …………………………………………… 106
4.3 電気事業法と関連する法規を知ろう …………………………………… 111

5章 現場で使用する機器・材料・工具・試験器具
5.1 電気工事で使う電設機材を知ろう ……………………………………… 114
5.2 機器の種類と使い方を知ろう …………………………………………… 116
5.3 材料の種類と使い方を知ろう …………………………………………… 120
5.4 工具の種類と使い方を知ろう …………………………………………… 123
5.5 試験器具の種類と使い方を知ろう ……………………………………… 126

6章　ビル建築に必要な専門工事業

- 6.1 建設工事業のしくみを知ろう ……………………………… 130
- 6.2 主な専門建築工事の業種を知ろう ………………………… 138
- 6.3 主な専門設備工事の業種を知ろう ………………………… 145

7章　建築用途別電気設備の特徴

- 7.1 事務所ビルの電気設備の特徴を知ろう …………………… 156
- 7.2 その他の建物用途別電気設備の特徴を知ろう …………… 161

索　引 …………………………………………………………… 171

コラム

- もっとも大切なこと ……………………… 12
- 現場に入るときに行わなければならないこと ……………………………………… 15
- 段取り八分 ………………………………… 16
- 電気関連の主な記念日 …………………… 44
- 電気の単位―電気の単位のもとは人の名― …………………………………………… 45
- 高圧ケーブル工事技能認定制度 ………… 54
- 建築設備耐震設計・施工指針 …………… 58
- 配管の耐震施工 …………………………… 59
- 竣工図書 …………………………………… 84
- 電気工事業者が営業所ごとに備えておかなければならない検査器具は？ ……… 84
- 使用前自主検査の方法 …………………… 88
- 瑕疵（かし） ……………………………… 90
- 知っておきたい用語 ……………………… 91
- 登録電気工事基幹技能者 ………………… 92
- リスクアセスメント ……………………… 94
- 4S運動 ……………………………………… 95
- 1メートルは一命取る！ ………………… 99
- 予定外作業は事故のもと ………………… 99
- ハインリッヒの法則とは ………………… 102
- 電気使用安全月間 ………………………… 102
- 「労災かくし」は犯罪！ ………………… 110
- 自家用電気工作物の定義 ………………… 111
- 蛍光灯とLEDの照明 ……………………… 115
- LED照明 …………………………………… 119
- ニッパー …………………………………… 124
- 監理と管理 ………………………………… 136
- 労働安全衛生法関連資格 ………………… 137
- 躯体工事 …………………………………… 141
- 建築概要 …………………………………… 143
- 電気設備とは ……………………………… 151
- 親父の独り言 ……………………………… 154

1章 ビル建築現場の「ようす」

　建築現場に初めて行くとき,「現場の中がどのようになっているのか」,「最初に何をしなければならないのか」など不安なことがいっぱいあります．しかし,現場というものは規模・用途・設計仕様・建築主・地域などの諸条件によっていろいろようすが違いますが,どの現場でも基本的な考え方に著しい違いはありません．この章では,初めて建築現場に出向く皆さんが,現地で戸惑わないように,ビル建築現場にほぼ共通する「現場のようす」を簡略にまとめました．

　建築現場では多くの業種の方々が働いています．特に初心者は建築現場に必要な知識を持って,ルールを守らなければなりません．これらは現場で働く者の共通の認識として,他の業者との間あるいは仲間達とのコミュニケーションを円滑に進めるための効果的な道具でもあります．コミュニケーションを悪くすると事故・トラブルを引き起こすことにもなり,品質・安全・コスト・信頼などあらゆることに悪い影響を及ぼします．現場では規律ある行動が必要です．

　これから現場内のようすや各業種の主な作業の流れ（工程）などを簡単に説明しますので,お互いの理解を深め快適で安全な職場になるよう努力してください．

1.1 建築現場の工事用仮囲いの中の「ようす」を知ろう

いよいよ電気工事士としての仕事場である**工事現場**へ赴くときがきました．この工事の現場には，一般的な事務所，デパートやスーパーマーケットのような商業施設，官公庁，学校，病院，住宅，工場など多くの種類があります．この現場の中で仕事をしようとするときには，現場内での基本的なことを知っておく必要があります．

いざ現場に行こうとするとき，「現場のようすは…？」「工事の進め方は…？」「他の業種は…？」「電気工事は…？」など，さまざまな不安と疑問が思い浮かぶと思います．

では，工事用の仮囲いで囲まれている建築現場の中のようすはどうなっているのか，一般の事務所ビルディング（7章参照）を想定して「仮囲いの中」をのぞいてみましょう．

1. 現場内の配置

中規模現場モデルとして場内配置の一例とその外観を図に示します．現場内にはこのように多くの物が仮設（工事用に仮に設置するとき**仮設**（かせつ）と呼びます）されています．それぞれが工事を進める手順（工程）に効率的に適用できるように，全体工程を考慮して仮設計画が立てられます．

建物を建設する場所を**敷地**と呼び，一般の人の安全や近隣への配慮のために，周囲は**工事用仮囲い**で囲まれ，出入口も警備員によって管理されています．現場へ入場するときは，受付・警備で許可を得て，自分が行く現場事務所の場所と安全な通路を確認する必要があります．

出入口から一歩中に入るとそこは現場の中です．現場内は一般の公道とは違い，足元の凸凹や頭上からの落下物など，不安全な状況が起こることを常に意識しておかなければなりません．安全帽（ヘルメット）は最低限のルールとして携行するのを忘れないで現場内では必ず着用します．また，服装はだらしない身なりにならないよう気をつけましょう．一般的な現場では工事用に次のような施設が仮設されます．

① **現場事務所**：工事管理する事務所で，設計事務所・建築業者・設備業者などが使用します．
② **作業員詰所**：現場作業員の休憩・更衣場所で，共同利用が一般的です．
③ **便所・洗面**：共同利用であり，清潔に利用します．
④ **倉庫**：安全機材や清掃用具などを保管します．
⑤ **朝礼広場**：現場事務所前が一般的ですが，建物内の場合もあります．
⑥ **受付・警備**：構内への出入口で，入退場のチェックをすることがあります．
⑦ **仮設受電設備**：高圧受電の場合に設置されます．
⑧ **駐車場**：現場ごとの状況によって運用ルールが異なるので確認しましょう．

1.1 ◆ 建築現場の工事用仮囲いの中の「ようす」を知ろう

1章 ビル建築現場の「ようす」

◉ 建築現場の工事中の仮設配置例と外観

① 仮設配置例

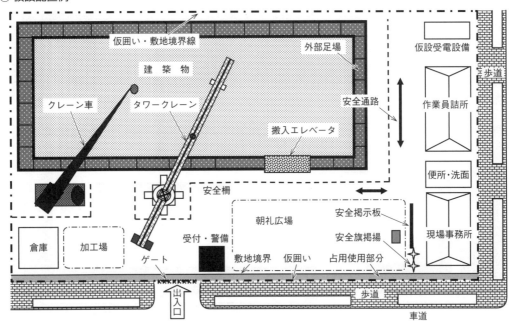

② 外観

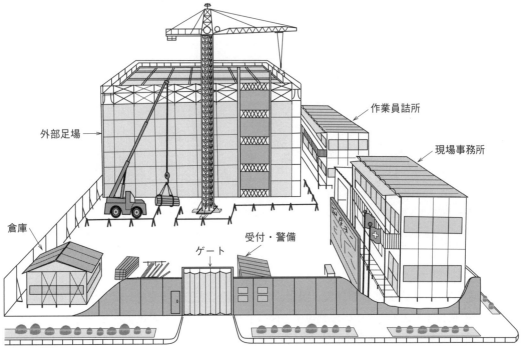

🔻 建築現場の完成配置例と完成外観
① 完成配置例

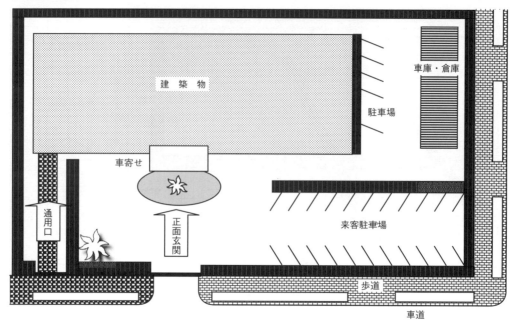

② 完成外観

　図①は完成後の現場内の配置図で，図②はその外観です．この完成したようすを頭に描きながら工事の進行を考えて工事中の建築現場の図（前ページの図）と対比すると，仮設物の配置や撤去も工事の進捗に影響が大きいことが理解できます．

　仮設物の配置は，設備関係の各種引き込みや，外部工事を実施するのに支障がないようにするため，仮設計画の時点から検討しておく必要があります．

2. 工事の進み方

　一般的な現場では，まず建築工事が中心的に進行し，必要に応じて設備関係の工事や特殊工事が進みます．これはそのときの業種ごとの仕事量によって，必要な工事期間や手順が異なり，着工から竣工までの期間に中心となるべき業種は工程の進行とともに交代していきます．

　最初の工事は仮囲いで敷地を囲み仕切ることから始まります．

　建築工事は

① **基礎工事**
② **地下階躯体工事**
③ **地上階躯体工事**
④ **内装工事**

に大別できます．これらの工事に合わせて，必要な電気工事をタイミングよく施工しなければなりません．各階ごとに躯体工事が終わって内装工事が始まるとき，電気工事単独で進めなければならない工事がたくさんあります．内装工事に先行しなければならない工事，内装工事と並行する工事，内装工事終了後に行う工事，そして設備の総合試運転など，工程表に従って工事を進めます．

　工事工程表（○△工事を進める手順を表にしたものを○△**工事工程表**という）は業種ごとに作成して管理しますが，その基本となる工程を**総合工程表（マスタ工程）** と呼び，工事管理の基本になります．

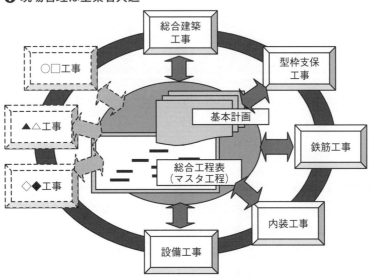

⬇ 現場管理は全業者共通

　図のように基本計画と総合工程表に基づいて，各施工業種は相互の連携をとりながら各社ごとに責任管理をします．ビル建築現場での電気工事の宿命として，着工当初から竣工時まで日々の作業量は平均的ではなく，竣工前にピークを迎えることが多く，事前の施工計画は十分に検討する必要があります．

1.2 建築現場の施設には何があるか

　本節では工事用の仮囲いの中に何があって，どのように動いて，どのように変わっていくのか，などをもう少し詳しく説明します．工程やコストなどに影響を及ぼしますので，完成までの工事期間中，限られた敷地内をいかに有効に利用するかを考え，さまざまな工夫を凝らして効率的に活用しなければなりません．3頁の「仮設配置例」の図をもとにして説明します．

1. 建築現場の敷地

　建築計画が決まれば当然建設用敷地は決定されますが，工事を進めるためには，該当敷地の有効利用とともに建設敷地以外の場所に工事用の敷地を確保しなければならないこともあります．特に市街地区では工事用敷地の確保が困難なことが多く，この場合には仮設計画に多大な影響を及ぼすことになります．図は建築現場の敷地に関係する図です．

● 建築現場の敷地

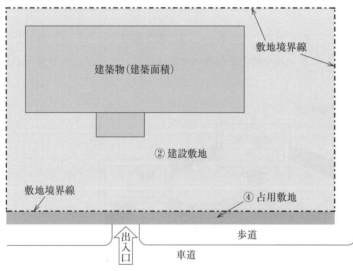

① **建設工事用敷地**：建設工事用敷地は，建設敷地＋仮使用借地＋占用敷地の総称です．
② **建設敷地**：敷地境界線で区切られた部分で，設計図書の**敷地面積**のことです．建物を建築する部分を表す建築面積とは異なります．
③ **仮使用借地**：建築場所の近傍を一時借用して工事用に利用する敷地で，利用目的は現場事務所・作業員詰所・資材仮置き場・加工場・倉庫などです．借地を短期間使用した後，建設敷地に移転することが多くあります．
④ **占用敷地**：道路管理者の許可を得て歩道などの公共地を一時的に占用する部分です．敷地境界線まわりの工事用と，一般通行人の安全性を確保するために必要です．

2. 工事用施設

工事現場を運営するために必要な施設を設置します．設置者は工事契約内容によりますが，元請施工業者が主体者となることが一般的です．工事完成までの間，仮に使用する施設のため**仮設事務所**などのように言葉の頭に**仮設**をつけます．主な施設を図により説明します．

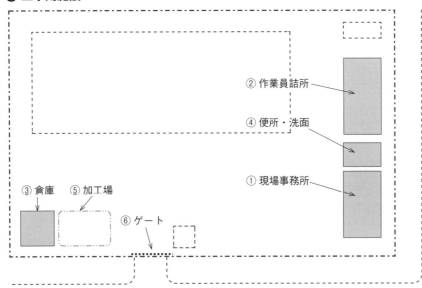

🔴 工事用施設

① **現場事務所**：建築主，設計監理者，建築業者，設備業者などの現場管理（監理）事務所です．
② **作業員詰所**：現場事務所と同じ建物の場合や，建築中の建物内に設置する場合もあります．元請業者が規模・工期・業種の数などを考慮して設置します．
③ **倉庫**：仮設機材・安全資材・工具などを保管します．管理者の許可を得て専門業者が設置することもあります．
④ **便所・洗面**：手洗いや洗面場所とともに設置されますので清潔に利用しましょう．水洗式が普及していますが，浄化槽併用の水洗式，貯溜式，薬品使用のケミカル式もあります．
⑤ **加工場**：鉄筋・型枠・配管などを現場で加工する場所です．最近は工場で製作した半製品を搬入する方法が多くなっています．
⑥ **ゲート**：建築現場への出入口で，一般的には警備員が駐在して管理します．搬入用車両の往来が頻繁なため，通行人（第三者）の災害防止に気を配ります．
⑦ **食堂**：大規模現場では食堂を設営する場合がありますが，作業員詰所内で食事をする場合が一般的です．清涼飲料水などの自動販売機はほとんどの現場に設置されます．
⑧ **駐車場**：通勤に不便な現場では駐車場の確保が必要です．工場の進捗に支障とならない場所を事前に確認する必要があります．
⑨ **産業廃棄物置場**：工事に伴って生じた廃棄物を処理するため，現場ルールに従い分別し，コンテナ等を設置します．

3. 工事用設備（仮設設備）

　ビルなど建築物は建物と設備を完成させて初めて使用できますが，竣工前でも工事の着工から完成までの間に，電気・水などの設備がなければ工事を進めることは不可能です．そのために着工から完成までの間に臨時に使用する設備を**仮設設備**として整備します．ただし，仮設とはいっても限定された短期間に利用するという意味だけであり，法令に基づいて正しく設置して，安全に利用しなければなりません．図に代表的な工事用設備の配置を示して，以下に概要を説明します．

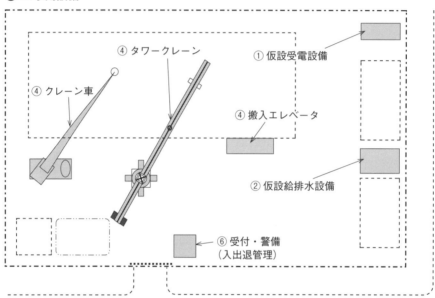

🔽 工事用設備

① **仮設電源設備**：現場や事務所の照明，工事用機械の動力源としての電力受電供給設備です．ごく短期間や着工当初には発電機を利用する場合もあります．電力会社からは，高圧（6 600 V）または低圧（100～200 V）で受電します．高圧受電の場合は仮設受変電設備で低圧に降圧して使用し，動力用には三相を，照明コンセント用には単相を使用します．

　工事用電源には利用者の感電防止の目的で，漏電遮断器の設置を法的に義務づけられています．電源の供給ができないと，工事の継続が不可能となりますので，正しい取り扱いと保全を行い不用意な停電にならないよう注意が必要です．設置主体者は元請業者で，建築業者が一括して施設して管理することが多いので，電気工事士であっても勝手に工事をしてはいけません．

② **仮設給排水設備**：給水設備は，飲料水，手洗いなど洗浄用，清掃用，工事用水などを給水する設備です．排水設備は，生活用水，汚水，工事用雑排水などを処理

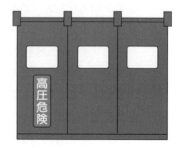

🔽 仮設受変電設備

する設備で，環境汚染対策が必要です．また，工事期間中の雨水排水経路の確保が必要であり，場内への浸水などがあると工期や品質に影響を及ぼします．

③ **情報通信設備**：一般加入電話，場内放送，連絡用インターホン程度のものから，IT化で管理を効率化するものまであります．CADによる作図の効率化や工事関係者間の情報ネットワーク構築による仕事のスピード化が図られています．また，監視カメラによる場内監視，モバイル端末による品質管理，デジタルカメラによる記録が行われています．携帯電話が一般的になり，瞬時の情報伝達は現場の管理手法を変えています．

④ **揚重設備**：場内へ工事用機器や資材を搬入する手段です．搬入方法は現場の状況により多様であり，揚重設備の計画と運用によって工事の進捗速度に影響を与えます．以前は現場に簡易ウインチなどを設置して揚重していましたが，近年の施設は，ロングスパンエレベータ（搬入エレベータ），タワークレーン，クレーン車両などが代表的で，効率も格段に向上しました（図はクレーン車での資材搬入状況）．

そのほかにも数多くの搬入手段がありますが，すべての業種・業者の計画的な搬入計画が必要です．

⑤ **近隣対応設備（電波障害対策など）**：テレビに限らず電波を利用している施設が近隣にある場合，建設機材（タワークレーンなど）や完成後の建築物が電波伝搬の障害になることがありますので対策を施す必要があります．恒久対策は別の対応となりますが，工事中に起因する障害には工事関係者が対応します．電波障害対策では足場などに仮にアンテナを設置することがあります．また，騒音，じんあい，車両通行など，第三者への迷惑行為を防止するための必要な設備を設けたり処置をします．

⑥ **受付・警備（入出退管理）**：就労者の入構や退出を管理します．また，部外者の入場も管理します．入出退管理は，就労者管理と不正就労防止と安全作業推進が主目的です．また工事現場には，工事用機材や資材の盗難，現場事務所荒しの防犯のためにセキュリティ設備も設置されます．

入出退者のチェックや車両の誘導，第三者への安全確保の観点から，警備員（ガードマン）を配置します．現場によっては警備員により来訪者や入出退時のセキュリティ管理を行う場合もあります．

🔽 **クレーン車の作業**

4. 安全施設

建築現場での日常行動の中で，**安全管理**は品質やコストとともに欠かすことのできない重要なことです．安全管理は，作業者の安全と健康維持を目的として法的な根拠に基づいて実施されますが，関係者が一体感を持って取り組まなければ，効果は半減してしまいます．また，安全保持のための施設を全員で正しく維持して使用することが安全管理の第一歩です．図に代表的な安全設備の配置を示し，個々にその概略を説明します．

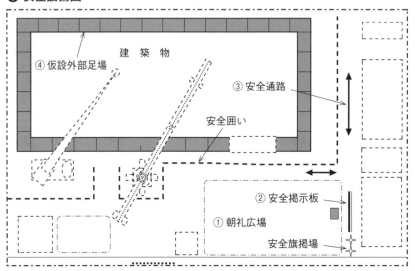

🔽 安全設備図

① **朝礼広場**：現場作業の始業時に関係者全員で朝礼を行う場所です．そして，朝礼では諸注意事項が周知されますので，安全・品質管理には欠かせない場所です．作業開始前には，朝礼において工程・安全などの情報を入手し，ミーティングで意識統一します．

② **安全掲示板**：朝礼広場や現場事務所前に安全管理に関する情報が掲示されます．当日の各業者による危険予知とその対策なども掲示されますので，始業時と終業時には掲示内容を確認しておきます．

③ **安全通路**：現場内には多くの危険要因が潜んでいますが，そのような危険要因を極力排除した比較的安全に通行できる通路です．「急がば回れ」と言うように近道は災害発生の要因であり，多少の遠回りになっても安全通路を通行します．一般的には「安全通路」と表示してありますが，「安全」と表示されてはいても周囲に注意することが基本原則です．

④ **仮設足場**：高所での作業には安全な作業床を確保しなければならず，仮設足場を組み立てます．足場組み立ては非常に危険な作業であり，資格を有する専門職（とび・土工など）が設置します．設置主体者は多様ですが，一般的には元請業者が設置します．建築物の外周に設置する足場を**外周足場**や**外部足場**と呼び，建物内部にも必要に応じて仮設足場を設置します．

⑤ **作業半径**：クレーン作業にて定められた吊り荷の下に入らないようにします．**作業半径**には十分注意が必要です．

5. 施設使用上の諸注意

　工事現場の施設や設備は，設置者が誰であっても場内の関係者が共同で使用します．利用者全員が他人任せにしないで，整理・整頓・清潔・清掃・躾（しつけ）（現場の5S）を念頭において，自分の責任のもとで利用する意識を持ち，実行しなければなりません．また，関連法規に基づく規則の遵守は当然のことですが，現場内でのルールあるいは現場の常識・マナーにも従い，現場の円滑な運営に努めなければなりません．以下に一般的な注意事項を紹介します．現場ごとにさらに詳細な取り決めがあり，現場に入る初日に新規入場者に対する教育が行われます．法規制に関しては4章を参照してください．

　以下は初歩的なことですが，非常に大切なことを掲げましたので，ルールは確実に守るようにしましょう．

1章 ● ビル建築現場の「ようす」

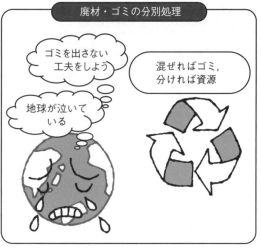

> **コラム** もっとも大切なこと
>
> 　現場の工事というものは「品質保証」「工程遵守」「安全作業」「利益確保」「信頼性」に，最近では「環境配慮」が加わって構成されます．そして，これらは相互に密接に関係しあい，どの部分が抜けても満足な工事とはいえません．
> 　お客様に満足していただける工事を提供することによって自分も満足できるということ，そして安全作業で品質を保証することによって利益とともに相互の信頼感も達成できるということを肝に銘じなければなりません．安全な作業は品質も確保できますし，品質を確保する意思があれば安全作業は最優先です．

2章

ビル建築現場における電気工事士の実務

　本章では，資格を取得して間もない，建築現場での実務経験が浅い（新人〜5年ほど）電気工事士の皆さんに対して，電気工事士としての現場内外での立場と，期待される態度・姿勢を理解していただきます．また，建物が計画され，設計から積算，受注から工事着工，竣工にいたる概略の流れと，実際に現場で施工にあたって必要とされる施工図などについて解説します．

　建物を完成させるまでにはたくさんの手順（工程）があります．建築の各工程を理解するとともに，今まで学んできた各種電気工事の基本を，電気工事士の資格を持った技能者として，その建築の各工程においてどのように応用し，どのような作業をしなければならないかを解説します．

　各建築工程ごとに電気工事士がどのようにかかわり，どのような作業をするのかについて，電気工事士の実務をしっかりつかみとってください．

2.1 電気工事士の役割は？

1. 建物が出来上がるまでの流れ

　ある建物が計画されると，その建物の使用目的に沿って，設計，積算，発注，契約という手順を経た後，いよいよ工事の着工，施工，調整，完成試験，取扱い説明，そして竣工式を迎えます．
　設計には基本計画，基本設計，実施設計という段階があり，契約発注には特命発注，競争入札発注，随意契約，総合発注，分離発注，コストオン発注，JV 発注などさまざまな発注契約形態があります（6 章参照）．

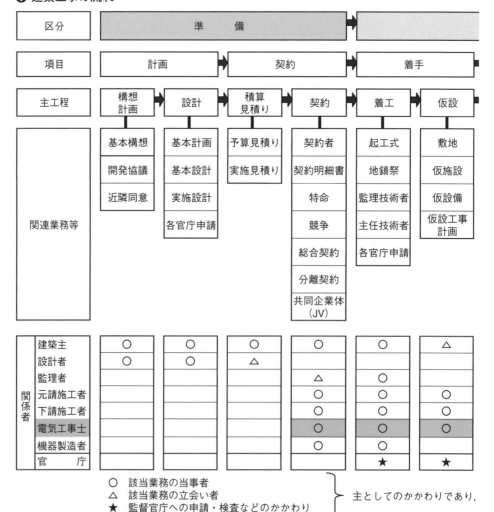

建築工事の流れ

コラム　現場に入るときに行わなければならないこと

① 労働者名簿の作成：自分の住所，年齢，資格及び健康保険並びに社会保険の加入状況などを管理者に届け出るために作成します．最近では書面ではなく，パソコン上で必要事項を入力し，インターネットにて発注者に提出する方法が主流となっています．
② 健康診断の受診：健康な身体での就業が原則ですが，通常時の血圧や持病などは明確にしておきます．
③ 新規入場者教育の受講：現場に入場したときに，現場のルールや注意事項など基本的なことを知るために受講します．
④ 電気工事士免状などの携帯：電気工事士免状・認定電気工事従事者認定証や必要な資格者証等を携帯します．
⑤ 正しい服装と装備：保護帽子・作業服・作業靴・安全帯を正しく装備します．また，これらの装備が破損，機能不完全でないことを確認します．
⑥ 契約内容の確認：工事契約内容によって施工・責任の範囲が変わります．

● 建築工事の流れ（続き）

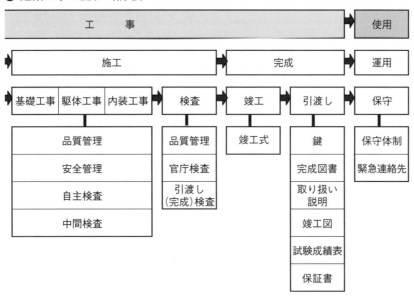

現場の事情により変わるので，空白部分はまったく無関係という意味合いではない．

> **コラム** 段取り八分
>
> ビルの電気工事は，着工から完成までに多くの作業があります．すなわち，工程が進むに従って多くの他業種（電気工事以外の仕事）とかかわりを持ち，お互いに協調しながら仕事をしなければなりません．他業種の仕事の進め方を知っておくと，次の仕事が先読みできます．
> 　現場には「段取り八分」という言葉があります．段取り（＝準備）が適切にできていれば，仕事

電気工事士が行う工事の流れ（表中の太実線枠内が電気工事士の主たる業務）

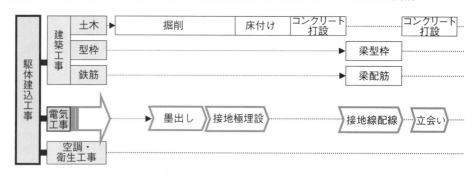

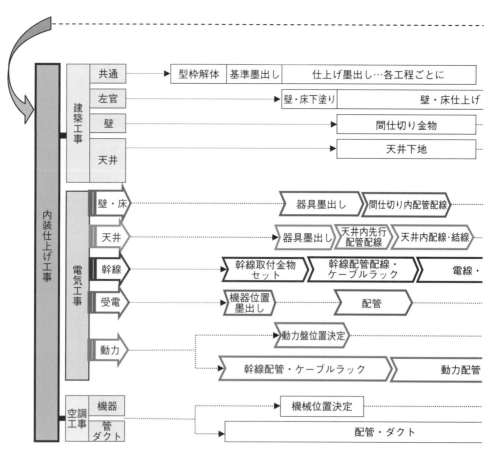

は八分（＝80％）終わっているといえる…という意味です．逆に準備が遅れると，後追い仕事になり，一度終わった工事をやり直す「手戻り工事」も起こりやすくなります．

「先んずれば人を制す」の諺のように，他業種の工事もしっかりと理解し，後手に回らないよう先回りして準備をしておくことが，熟練電気工事士になるためのポイントです．

🔻 **電気工事士が行う工事の流れ（表中の太実線枠内が電気工事士の主たる業務）（続き）**

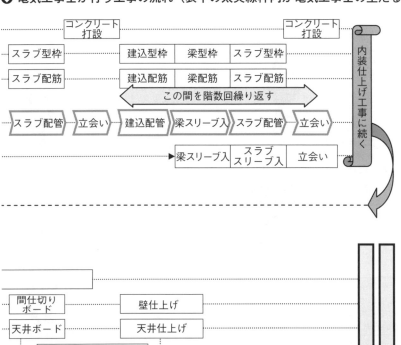

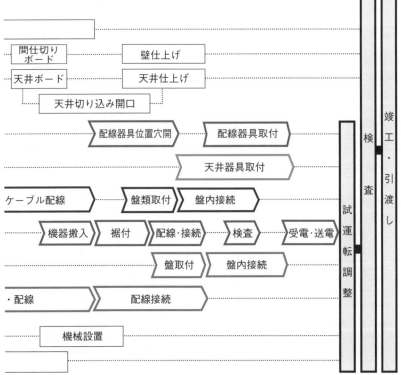

2. 電気工事士という資格が意味するもの

多くの人々がかかわり，建築主（施主）の期待が込められた建物の電気工事は，人の体に例えれば頭脳や神経にあたります．施主が電気工事士に対して，電気工事の品質や工期厳守に関して信頼し，完成後の使いやすさや安全面などの期待と信頼があってこそ工事を発注した，ということを十分認識してください．その期待と信頼に応えるのが電気工事士としての責務です．

さらに電気工事を通して，社会に貢献しているのだという自信と誇りを持って，その責任を果たしていくことが電気工事士としての務めでもあります．

電気工事士という資格の意味

建築現場には多くの人達がかかわって建物の完成までの工程を進めていますので，現場の仲間に迷惑をかけないためにも，電気工事士を含めた工事関係者には自分自身と仲間の健康管理および安全作業に徹することが求められます．

電気工事士等の資格と従事できる工事範囲

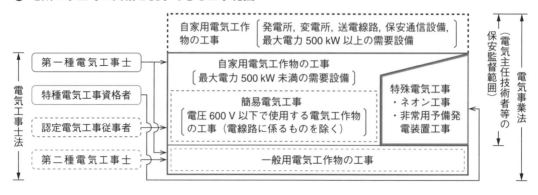

3. 電気工事士と現場実務

現場の中では，電気工事士の資格を取得するための試験（実技試験）課題に出る基本工法を理解しているだけでは，解決できない場面にしばしば直面することでしょう．

資格を持った電気工事士として，現場の作業をするうえでどのように基本的な施工方法を応用していくのかを早く理解し，習得することが大切です．

● 電気工事士の現場の作業

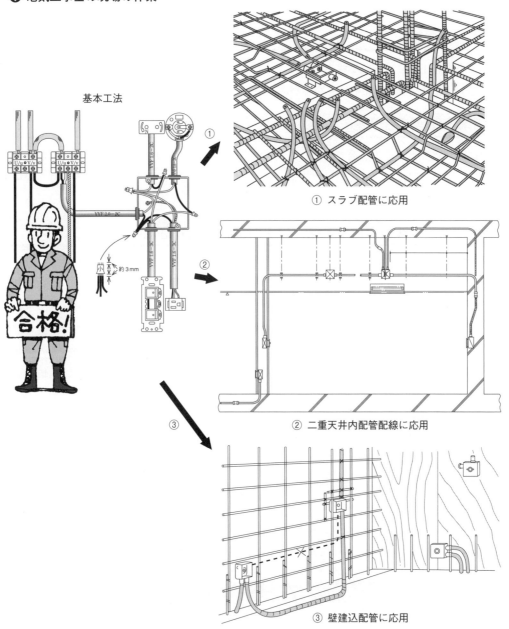

① スラブ配管に応用

② 二重天井内配管配線に応用

③ 壁建込配管に応用

2.2 施工図を読もう

　現場施工の実務にあたっては，**施工図**をもとに作業することになります．設計図では電気工事を行うための情報（各機器の取付け位置，取付け高さなど）が不足していて，これだけでは工事はできません．工事を行うための情報を表現した図面が施工図です．また，現場実務にあたっては，建築工事，空調・給排水設備工事など，他業種の施工図に関しても，ある程度の理解が要求されます．

1. 建築の施工図

　建築工事の施工図には，建築構造（躯体：くたい）図，建築断面（矩計：かなばかり）図，意匠（仕上げ）図，天井伏図，仕上げ表などがあり，それらすべてが電気工事の施工図に関係します．

2. 電気設備の施工図

　設計図は，建築物が立体構造であるのに対して平面上でしか表現できないため，より詳細な平面図・断面図と，取付け位置を示す寸法を示した図面が必要です．それが施工図であり，現場実務は施工図に基づいて進められます．

3. 総合図，機器プロット図，施工要領書（図）など

A. 総合図，機器プロット図

　建築図の壁床・天井伏図に，電気（スイッチ，コンセント，照明器具，火災感知器，スピーカ），空調（エアコン，排気口，給気口），給排水（流し台，水栓，ガス栓，スプリンクラーヘッド，消火栓）などの設備機器すべてを記入した図面を総合図（機器プロット図）といいます．総合図では機能的で良好な建物を建設するために建築，電気，空調，衛生およびその他建築設備の相互の位置や機能連係などを確認します．機器配置をする際は，使い勝手を十分に検討し，設備機器全体を見栄え良く，かつ機能的に配置することが大切です．

B. 施工要領書（図）

　工事施工の標準化・均一化のために，施工要領書（図）を作成して使用します．

➡ 施工要領図の例

2.2 施工図を読もう

◉ 建築構造（躯体）図

　一般的には建物のその図面の階の柱の位置・大きさ，壁の位置・厚さ・開口と，その階の天井側の梁の位置・幅・高さ，コンクリート床の厚さ・床の高さ・床の開口など，躯体に関する情報の図面．

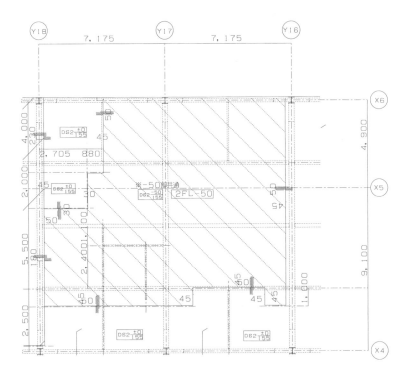

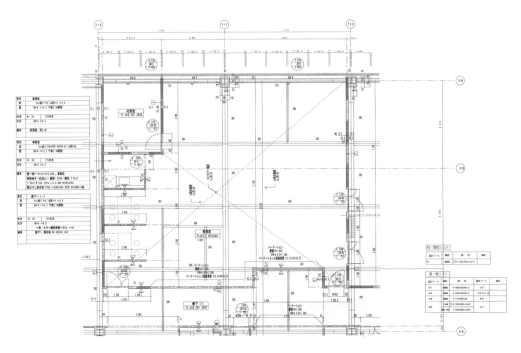

🔽 建築断面（矩計）図

建物の上下の階の階高，床（スラブ）の断面形状，扉の開口，床面からの天井面の高さ，天井面と梁下端などに関する情報の図面．

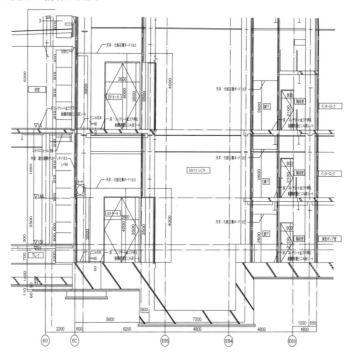

🔽 天井伏図

天井仕上げに関する情報の図面（材質，材料，天井高さ）

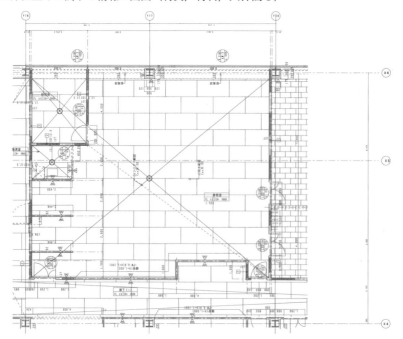

🔽 電気設備施工図

　建物と照明器具の位置関係，配線器具の位置関係が建物の通り芯を基準にして寸法が記載してある．また，器具と器具の間の配管・配線の種類・本数などの情報の図面．
　実際の照明器具など機器の取り付ける位置は，建設現場にある建築の基準線とそれからの寸法を測り位置を決める（墨出し作業）．

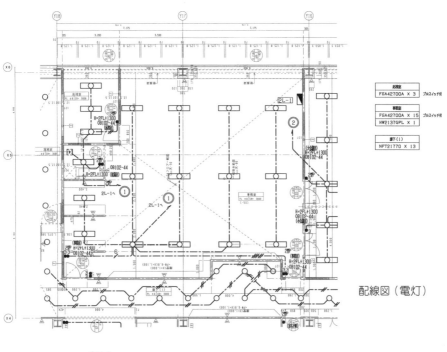

配線図（電灯）

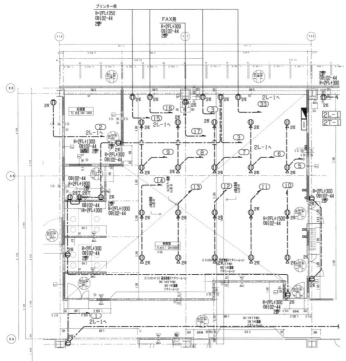

配線図（コンセント）

機器プロット図

建物各室の天井高さ，床仕上げ面高さ，壁に付く機器と建物の扉などや設備機器などとの取り合いの情報図面．

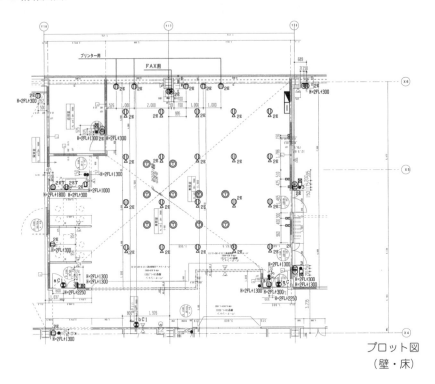

プロット図
（壁・床）

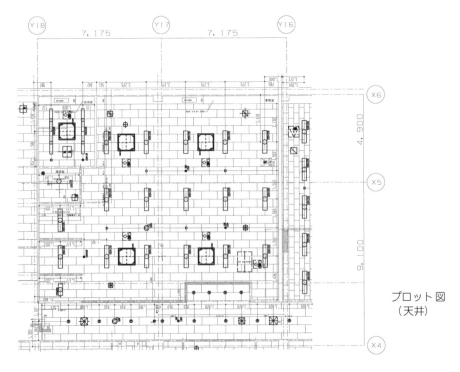

プロット図
（天井）

2.3 工程表を知ろう

　建築現場にはいろいろな業種がその工事に携わっており，それぞれの業種が相互に複雑な要素を持って共存しています．建築工事には主体となる建築工程があり，それに合わせて関係業種の作業順序を整理・調整して表記したものが**工程表**です．工程表は施工期間の指標となるため，すべての関係職種が遵守しなければなりません．また工程表には，品質・施工性・安全性に優れた施工を効率良く進め，より生産性を上げることが必然的に求められます．

1. 全体工程表

　全体工程表は，総合工程表またはマスタ工程表ともいわれ，工事の着工から竣工までの施工全体の流れを書き表したものです．全体工程表を基に電気工事の作業予定，稼働人員予定，さらに資材調達時期などを検討します．

　電気工事の稼働人員については，**稼働人員山積表**にて月単位の稼働人員予測が行われます．極度に集中した人員数が予想される場合は，全体工程表の再調整が行われ，稼働人員の平滑化を図ることになります．

2. 月間工程表

　月間工程表は施工時期や現場の進捗状況を考慮し，現場施工を円滑にするための作業手順や施工内容をより詳細に表現することが重要です．全体工程表に基づいて関係業種との調整を十分に行って作成します．

3. 週間工程表

　週間工程表は建築工程が配布された時点で速やかに作成し，関係業種との調整を行います．週間工程表によって次の事項が明確となります．
　① 作業内容が明確となり，作業指示書としての要素を持ちます．
　② 毎日の作業管理に用いられるため，当日・翌日の作業手順が調整できます．
　③ 搬入資材の搬入日時を確認します．
　④ 工程を確認し，作業が予定どおりに進んでいない場合には，作業方法や各手配などを反省して次週での対応などを検討します．

4. タイムチャート

　受変電設備の停電作業を例として図に示します．作業時間に制限があるため，時間単位で作業工程が計画されます．作業手順を基本とし，各工程での作業時間・作業者および混在作業まで明確に表記されます．

● 全体工程表

2.3 ◆ 工程表を知ろう

● 月間工程表

（仮称）○○△本社ビル新築工事（電気設備）平成○年○月度　月間工程表

建築主	□□不動産株式会社
設計	株式会社○○建築設計事務所
監理	
得意先	●●建設株式会社

電気工事株式会社　調査代理人　作成　平成○年○月○日

【建築工事】

	7月										8月																								9月					
月日	26	27	28	29	30	31	1	2	3	4	5	6	7	8	9	10	11	12	13	14	15	16	17	18	19	20	21	22	23	24	25	26	27	28	29	30	31	1	2	3	4	5
曜日	木	金	土	日	月	火	水	木	金	土	日	月	火	水	木	金	土	日	月	火	水	木	金	土	日	月	火	水	木	金	土	日	月	火	水	木	金	土	日	月	火	水

PH1F：鉄骨建方／耐火被覆、アスファルト防水、柱耐火塗装
8F：ALC受金物・外周入、柱耐火塗装、ガラス取付
7F：LGS先行金物・外周入、Pタイル貼り、立上型枠CON、笠木取付
6F：ロッカー・A吹付け、区画壁LGS、LGS先行金物・外周入、ロッカー・A吹付
5F：区画壁LGS、ボード貼り、区画壁LGS、ボード貼り
4F：区画壁ボード貼り、防煙垂壁、LGS（事務所・共用部）
3F：先行床ALGS'、防煙垂壁、仮設扉開口処置、SD建具付
2F：天井・壁LGS、駐車場天井LGS、天井壁ボード貼り
1F：シャッター取付、天井ボード貼り
B1F：
B2F：頭張LGS

【電気設備工事】

PH1F：ケーブルラック（線）取付け EPS(1)、EPS(2)、幹線ケーブル配線
8F：天井内配線、区画壁配管配線、天井内配線
7F：区画貫通配管、天井内配線（事務所部分）、キュービクル・発電機設置、チャネルベース、区画貫通配管
6F：天井内配線（事務所部分）、区画壁配管配線、ケーブルラック敷設
5F：区画壁配管配線、天井内配線（廊下・共用部）、区画壁配管配線
4F：天井内配線（廊下・共用部）、天井内配線（廊下・共用部）
3F：区画壁配管（防煙）、区画貫通配管（防煙）
2F：壁LGS配管、仮設扉開口ヨコ配管、壁配線（事務所・共用部）、壁LGS配管（本務所）
1F：天井内配線、天井内配線、天井内 配線（駐車場部）
B1F：安全大会、合同安全パトロール、安全大会
B2F：

【行事】　総合定例会議、災害防止協議会、一斉清掃

2章　ビル建築現場における電気工事士の実務

27

週間工程表

(仮称)○○△本社ビル新築工事
電気設備工事 週間工程表 8/13～9/2

建築主	○○不動産株式会社
設計	株式会社◇◇建築設計事務所
監理	
得意先	●●建設株式会社

○○電気工事株式会社

作成 平成○年○月○日
現場代理人 作成

月	8月																				9月	
日	13	14	15	16	17	18	19	20	21	22	23	24	25	26	27	28	29	30	31	1	2
	月	火	水	木	金	土	日	月	火	水	木	金	土	日	月	火	水	木	金	土	日

【建築工事】

- PH1F: 型枠・鉄筋(小小屋上部)／型枠解体
- 8F: ガラ入取付け／CON打設／笠木取付け(東面→西面)
- 7F: 外周穴取付け／LGS先行金物／外周穴貼り
- 6F: ロックウール吹付け／ロックウール吹付け
- 5F: 壁LGS(EPS周り)／壁LGS(階段→ELV→DS・PS・EPS)／壁LGS(階段→)
- 4F: 壁ボード貼り(EPS周り)／ボード貼り(階段→ELV→DS・PS・EPS)／壁ボード貼り
- 3F: ／防煙垂壁／防煙垂壁
- 2F: 天井・壁LGS(会議室)／壁LGS(事務所→共用部)／壁LGS(事務所→)
- 1F: ／床開口デッキ貼り／配筋／CON打設／駐車場天井LGS
- B1F:
- B2F: ／SD建具枠取付け

【電気設備工事】

- PH1F: 天井内配線(事務所部分)／チャンネルベース盛上げ／CH(受電盤)／ケーブルラック荷上げ／幹線ケーブルラック取付け／幹線ケーブル配線準備
- 8F: ／CR(キュービクル)／キュービクル・発電機搬入・設置
- 7F: 壁配管(DS.PS→EPS)／壁配管(階段→ELV→DS.PS.EPS)／壁配管(階段→ELV→DS、PS、EPS)
- 6F: ／天井内配線(廊下→ELVホール→便所→湯沸室)／天井内配線(廊下→ELVホール→湯沸室)
- 5F: ケーブルラック(B1→8F・EPS(2))／天井内配線(便所→湯沸室)／天井内配線(廊下→ELVホール→便所→湯沸室)
- 4F: ／区画貫通配管(事務所部分)／天井内配線(廊下→ELVホール→便所→食堂→厨房)／区画貫通配管(垂壁)／区画貫通配管(事務所部分)
- 3F: 天井内配線(共用部)／壁配管・配線(ホップ室)／壁配管(廊下→湯沸室)／壁配管(垂壁)／壁配管
- 2F: 動力配管・配線(ホップ室)／→駐車場／壁配管／仮設開口墨出／照明用ポール出し・天井配管(事路部分)
- 1F: ／機械駐車場配管／天井内配管(便所→廊下→ELVホール)
- B1F:
- B2F:

2.3 ◆ 工程表を知ろう

● タイムチャート

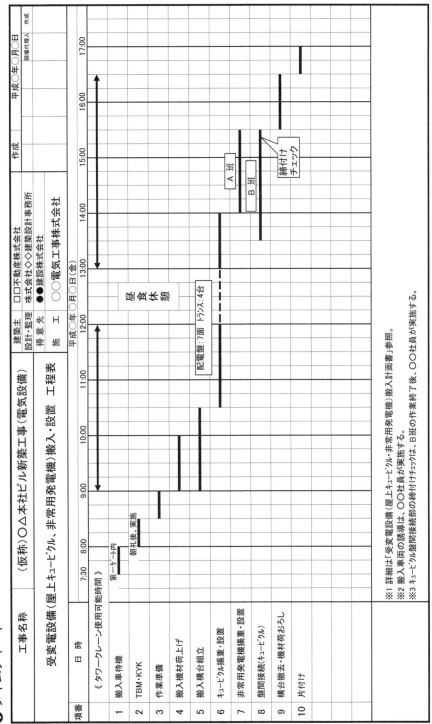

2.4 各工程における電気工事の実務

本節では，建築工事を，掘削土木・基礎工事，地下階躯体工事，地上階躯体工事，内装（仕上げ）工事，外構工事，竣工前工事，竣工後の7工程に大きく分けたうえで各工程をさらに区分し，それぞれの工程で建築工事は何をするのかの内容を左側頁に説明し，その内容に対比させて右側頁に電気工事の実務を解説します．各工事に関しては建築工事，電気工事ともイラスト・写真でわかりやすく説明していきます．

1. 掘削土木・基礎工事

本工程は図に示すように，建物の基礎および地下室階が構築される部分の土砂を掘り下げる土木工事が主体となる工程です．建物計画地に既存建物が残っている場合には，支障となる既存建屋の解体工事が施工されます．既存建屋解体時には電気設備工事としては特に工事の施工はありませんが，「既存電気設備の解体・撤去」を建築解体時に依頼されることがあります．また，建物増築の場合には，増築の支障となる既存電気設備の移設工事を依頼されることもあります．

	着工時期	中間時期	竣工時期	竣工後
	掘削土木，地下基礎	地下躯体・地上躯体・内装仕上げ・外構工事	竣工前作業	竣工後作業
建築工事工程	仮設基礎工事 ⇔	⇐ 躯体工事 ⇒〔上棟〕 ⇐ 内装・仕上げ工事 ⇒ ⇐ 外構工事 ⇒	建具工事 ⇒ ⇒ 検査 ⇒	瑕疵検査 （契約事項） 点検・修理 ・更新 ⇒
電気工事工程	接地工事 ⇔	⇐ 配管工事 ⇒ ⇐ 配線工事 ⇒ ⇐ 機器取付工事 ⇒ 引込管路工事 〔受電〕 ハンドホール蓋仕上げ，配線工事 試験調整・検査		

建築工事工程

（1）本設杭 ●●●●

建物の荷重を耐力を持つ岩盤に伝え支持させるため，杭を打設します．

↓ 掘削・土木工事

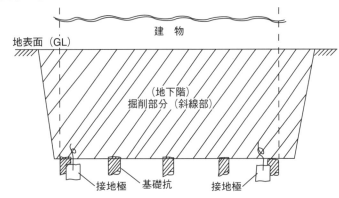

GL：地表面を表す線をグランドラインと呼び，GL と表記する．
FL：床仕上りの上面を表す線をフロアラインと呼び，FL と表記する．
BM：敷地や建物の高さを出す時の基準点となる場所をベンチマークと呼び，BM と表記する．

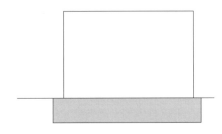

ベタ基礎杭
・住宅などの小規模建築

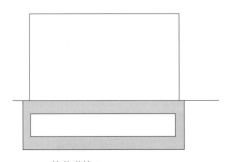

箱基礎杭
・中小規模のビル

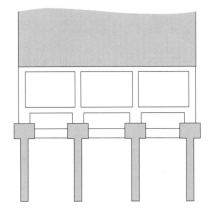

シートパイル基礎杭
・既成の杭を機械で打ち込む
・中規模ビル

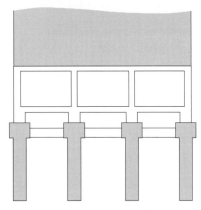

現場造成杭（場所うち基礎杭）
・中規模，大規模，超高層ビル
・現場で窄孔し，地中杭を打設する
・鋼製杭を設置し，コンクリートを充填することもある

(2) 既存建て屋解体・整地 ●●●●

① 既存建て屋解体・整地

(a) 既存建屋解体工事
（増築でも一部解体がある）

(b) 整地状況

(c) 基礎杭打ち工事

② 掘削・根切工事

(d) 掘削, 土工事

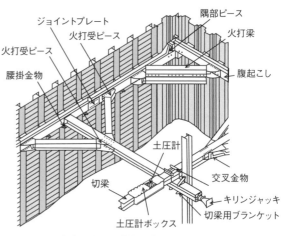

(e) 土留め支保工事, 切梁, 火打梁

(3) 掘削・根切工事 ●●●●

　建設計画用地に既存の建物がある場合は建物を解体し，解体終了後に整地します．整地が終わると，設計図をもとに敷地内に建物の柱を起点として配置を墨出しします．建物の各柱位置に，建物の全荷重を受けて地中で支えるための地中深礎杭を施工します．深礎杭打ちの完了後，地中基礎梁などの地下階工事としての掘削・根切工事が進められます．掘削の際，土壁が崩れて（崩壊）こないように土留め支保工，仮設鉄骨梁が設置されます．

　逆打ち工法という施工法がとられる場合もあります．建物躯体で土留めを兼ねる工法です．

（2）既存建て屋解体・整地時

特に解体時の障害物撤去のほか電気設備工事としての工事施工項目はありませんが，掘削・根切工事期間を含めて施工準備期間と考え，建設予定地と設計図の照合が必要です．

（3）掘削・根切工事時

電気設備を施工するために，これから現場に入るための準備期間であると考えてください．掘削の工法が変更された場合，電気工事の施工方法も変わってきます．また，次のような業務もこの期間中に現場関係者と打合せを行い実情にあった施工計画を作成することが必要です．

① 受電日　② 電力や通信の引込位置　③ 諸官庁などへの届出書提出時期
④ 特殊な材料及び工具の仕様の有無

→ 掘削の方法

（a）オープンカット方式

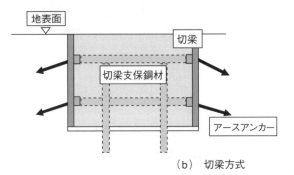

（b）切梁方式

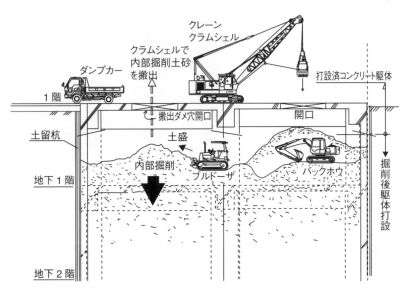

（c）逆打ち工法

（4）床付け ●●●●

　掘削が計画深さに達したときを**床付け**といい，その深さのところで整地されます．エレベータの最下部のピットや地下の排水ピット（集水のための場所で釜場といわれる）などがある場合，その部分はさらに深いところが床付けレベルとなります．床付け面より地表に出ている深基礎杭の頭部分（杭頭）を削岩機で解体し，床付け面と同レベルにならした後，床付け面全体に砕石を敷き込みます．

⬆ **掘削床付け状態**
右側に見えるのが，排水ピット用釜場．一部砕石敷き込みを開始

⬆ **地中杭基礎の杭頭**
墨打ち部分まで壊す

⬆ **地中杭基礎の杭頭壊し作業**

⬆ **砕石敷き込み作業**

（5）杭頭処理 ●●●●

　現場杭で不純物の混じった上澄みコンクリートが発生するとともに，レベル調整を行うため，杭上部を戸石斫取る作業です．

(4) 床付け時

建築の杭頭壊し施工時に，電気設備工事では**接地極の埋設工事**を施工します．

接地極の埋設作業は砕石敷き込み前には完了しておきます．埋設した接地極の接地抵抗値を測定して規定値以下であることを確認しておく必要があります．

土壌によっては接地抵抗値が規定値以下にならないことがあり，その場合には接地棒の増設や接地抵抗低減材を使用します．

接地極を地上1階レベルの外構部分に埋設する場合もあります．

接地の種類には，A種，B種，C種，D種の電力用接地のほか，情報通信用，雷保護用があります．

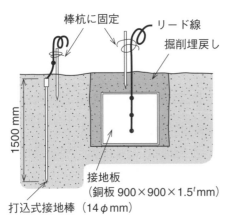

⬆ 接地極の埋設状況

⬆ 接地抵抗値の測定器（アーステスタ）

⬆ 加工済接地板と接地棒
　床付け前には加工を完了のこと．

⬆ 接地極埋設手掘り作業

2. 地下階躯体工事

　前項は，着工してから躯体工事が始まるまでの，いわば準備段階の作業についての解説でした．ここでは，実際に建物の土台となる躯体工事について解説します．建物の完成後にはほとんど目にすることはない部分の作業ですが，構造的に要となる部分ですので，電気工事などで建築の構造強度面に影響を与えたり漏水を起こさせないように注意が必要です．作業量はそれほど多くはありませんが，重要な部分の作業といえます．

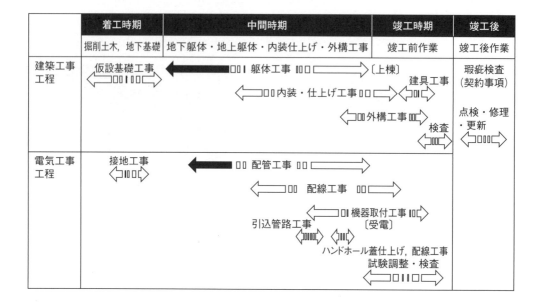

🔽 地下階躯体工事

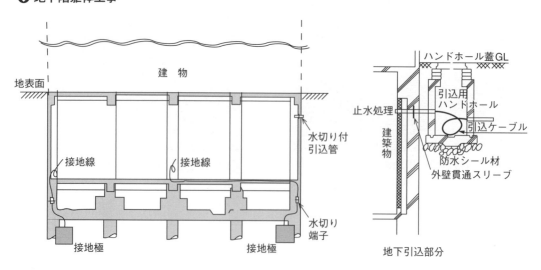

2.4 ◆ 各工程における電気工事の実務

掘削・基礎・地下階躯体工事の流れ

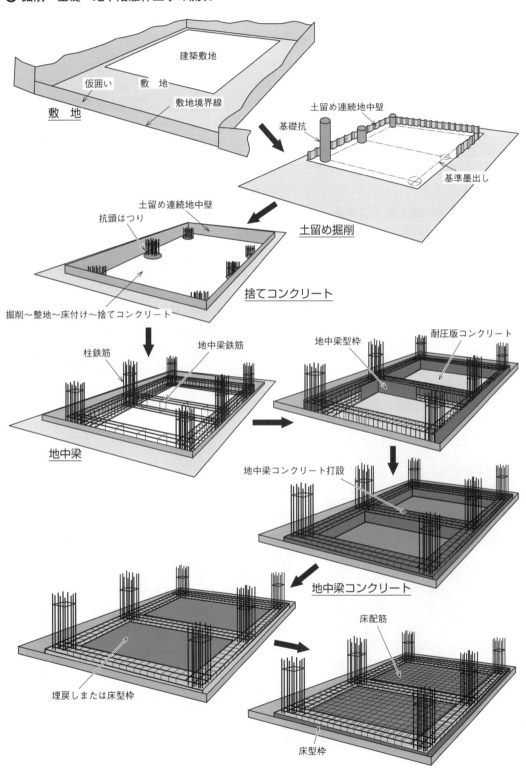

建築工事工程

(1) 捨てコンクリート打設 ●●●●

砕石を敷き込んだ上に，地下基礎，地中梁の位置を確定する墨出しを容易にするため，捨てコンクリートが打設されます．地下階がない場合，地中梁構築部分に砕石,捨てコンクリートが施工されます．

▼ 捨てコンクリート準備

(2) 耐圧盤・地中梁工事 ●●●●

建物の底部の厚い床スラブを耐圧盤といい，地中梁と緊結させるため，耐圧盤と地中梁の鉄筋が同時に施工され，まず耐圧盤のみコンクリート打設されます．その後，耐圧盤から立ち上がっている地中梁鉄筋を囲むように型枠を建て込み，地中梁のコンクリートが打設されます．

▼ 耐圧盤・地中梁工事準備

▼ 地中梁工事

▼ 耐圧盤コンクリート打設

電気設備工事

（1）捨てコンクリート打設時

　接地線が倒れて捨てコンクリートに埋まることがないよう注意が必要です．捨てコンクリート上に地中梁位置の墨出しが完了したら，接地線を電気室接地端子盤，電気シャフトなどの所定の位置付近まで延線して，立ち上げ支持しておきます．

⬇ 接地線立ち上げ

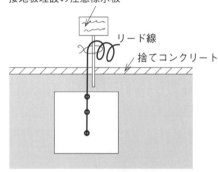

（2）耐圧盤・地中梁工事時

　耐圧盤の鉄筋を施工完了後，輪状に立ち上げ支持されている接地線に**水切り端子**を介して，さらに接地線を接続のうえ，地中梁鉄筋内を鉄筋に接触しないように支持し，梁内でさらに水切り端子を取り付け，上記の所定位置に立ち上げます．

⬇ 水切り端子接続

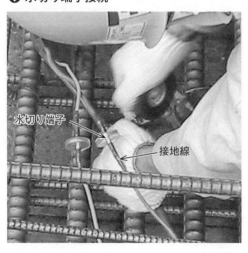

> **MEMO**　水切り端子：土中の水分が毛細管現象によりコンクリートに埋め込まれた接地線を伝わって上昇し，建物内に侵入するのを防ぐため取り付けます．

(3) 地下階躯体工事 ●●●●
① 地下床スラブ施工

耐圧盤からスラブ型枠支保工で地下階床スラブの型枠を支持し，その上にスラブ鉄筋を配筋してスラブコンクリートが打設されます．その際，上層階に繋がる柱の主筋と壁差し筋は，床仕上げ面以上に立ち上げておきます（RC造）．

この地下階床より上層を鉄骨構造で構築する場合もあります．その場合，鉄骨ベースの設置工事があります．

（注）RC造については141頁コラム参照．

⬆ 柱配筋

⬆ 鉄骨柱ベース

(3) 地下階躯体工事時

① 地下床スラブ施工時

コンセントなどの位置を床スラブ型枠上に墨出しを行い，床スラブ内の埋設配管（スラブ配管）作業を行います．埋設管には合成樹脂可とう管（CD管，PF管など）が配管布設時の作業性，騒音抑止の面から一般的に広く採用されています．以前は，金属管（厚鋼，薄鋼，ねじなしパイプなど）での非効率な配管布設作業が行われていました．

地下階は，電気変電室，空調機械室，ポンプ室などの機械室関係の部屋に使われることが一般的であり，スラブ埋設可能な配管サイズに注意が必要です．

地下床スラブ下の地下ピットを排水槽として使用する場合は，衛生設備工事業社と協議のうえ，排水ポンプ，水位電極用の配管が必要です．

⬆ 床スラブ配管

② 柱・壁型枠鉄筋施工

地下階床面から立ち上げてある柱鉄筋を高温で圧接し，フープ筋を取付け後，柱の型枠が建て込まれていきます．また，壁の片側の型枠を建て込んだ後，壁鉄筋を配筋し，もう一方の壁の型枠が取り付けられます．

⬇ 柱フープ筋

⬇ 壁型枠建込

③ 立ち上がりコンクリート打設

地下階の立ち上がり型枠作業がすべて完了したら，均一な壁厚の確保とコンクリート打設時の圧力で型枠が破壊されないように，セパレート金具（セパ）により型枠どうしの要所要所が固定されます．

地下床スラブからスラブ支保工で上階の床スラブ用型枠を施工します．スラブ配筋後に地下階柱，壁の立ち上がり部分のコンクリートが打設されます．

⬇ セパレート金具

⬇ 壁型枠

➡ 型枠支保工

電気設備工事

② 柱・壁型枠鉄筋施工時

地下階は機械関係の設置スペースに使用されることが多いため，電気室から各階への幹線配線のルートとして壁貫通箇所が出てきます．壁の一方の型枠ができた時点で，この幹線などの貫通型枠または貫通スリーブを取り付けます．

スリーブ補強の有無については施工図作成の段階で構造担当者に確認をとり，構造的に補強の必要なスリーブは建築工事にて補強の施工を行います．なお，施工性を考慮し配筋前に施工についての協議も必要です．

⬇ 壁貫通スリーブ

③ 立ち上がりコンクリート打設時

1階床スラブの型枠が敷き込まれた時点で必ず墨出しをして，スラブ配筋前または配筋が完了した時点で，地下の幹線などの配管類を吊りボルトで支持するための埋込みアンカー（**インサート**金物）を必要箇所に取り付けます．

⬆ インサート

④ コンクリート養生期間

コンクリート打設後は，その強度が出るまでそのままの状態に保たれます．これをコンクリートの養生期間といい，季節や温度などによって日数が変わります（通常3週間程度）．
養生期間を過ぎてから型枠の解体を行います．

🔽 型枠解体

コラム　電気関連の主な記念日

電気記念日

　電気記念日（3月25日）は，1927年（昭和2年）に日本電気協会が制定しました．
　1878年（明治11年）3月25日に銀座木挽町に設置された中央電信局の開局祝賀会が行われた工部大学校（現 東京大学工学部の前身）の大ホールにエアトン教授（英国人）によってアーク灯50個が点灯されました．また，1887年（明治20年）3月25日に日本の家庭用配電（210V 直流）が始まりました．

放送記念日

・NHK放送記念日（3月22日）

　1925年（大正14年）3月22日に東京放送局（現NHK）がラジオの仮放送を始めたのを記念して昭和13年に制定されました．

・テレビ放送記念日（2月1日）

　1953年（昭和28年）2月1日にNHK東京放送局が日本初のテレビの本放送（総合）を開始しました．また，これ以降，時代とともにカラー放送，FM放送，文字放送，BSデジタル放送が開始され，それぞれ記念日が制定されています．

あかりの日

　あかりの日（10月21日）は，1879年（明治12年）10月21日にアメリカの発明王トーマス・エジソンが世界で初めて実用性の高い白熱電球を点灯（40時間）したことを記念して，照明関連団体がこの日を「あかりの日」と定めました．

2.4 ◆ 各工程における電気工事の実務

④ コンクリート養生期間時

この期間は，次の作業の準備や既に型枠が解体された部分の作業・工事を行います．

幹線などの貫通型枠や貫通スリーブは，型枠解体後に取り去ります．

幹線などの配管敷設も，型枠がバレた後（解体された後）に施工することになります（露出配管工事）．

型枠解体作業が開始される前に，柱・壁に埋め込んだアウトレットボックスなどの型枠固定ボルトを取り外します．

↑ アウトレットボックス（型枠解体後）

コラム　電気の単位 ―電気の単位のもとは人の名―

アンペア（A）：電流の単位です．18～19 世紀にかけて活躍したフランスの物理学者アンペールの名にちなんだものです．アンペールは，電流が磁気の源であることを発見しました．

ボルト（V）：電圧の単位です．18 世紀に活躍したイタリアの科学者ボルタの名にちなんでいます．ボルタは，電池の発明者として有名です．

ワット（W）：電力の単位です．18 世紀に活躍したイギリスの技術者ワットの名にちなんでいます．ワットは，産業革命を起こした蒸気機関の発明者です．

オーム（Ω）：抵抗の単位です．18 世紀に活躍したドイツの科学者オームの名にちなみます．電流は電圧に比例し，抵抗に反比例するという，有名なオームの法則を発見しました．

3. 地上階躯体工事

　ここでは，地下での躯体工事の完了を受け，地上部分での躯体建て方工事について解説します．壁立ち上がり配管，スラブ配管，幹線配線用の壁および床への貫通スリーブ工事が主となり，建築的には，壁建て込み，スラブ工事，コンクリート打設，養生の一連の工事の繰り返しによって所定の階数まで立ち上げます．

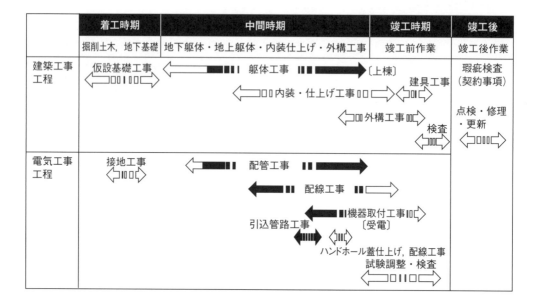

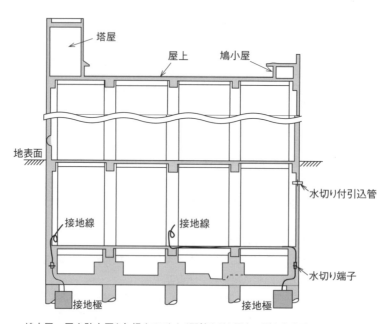

鳩小屋：屋上防水層を欠損することなく配管などを屋上に引き出す所

2.4 ◆ 各工程における電気工事の実務

⬇ 地上階躯体工事の流れ

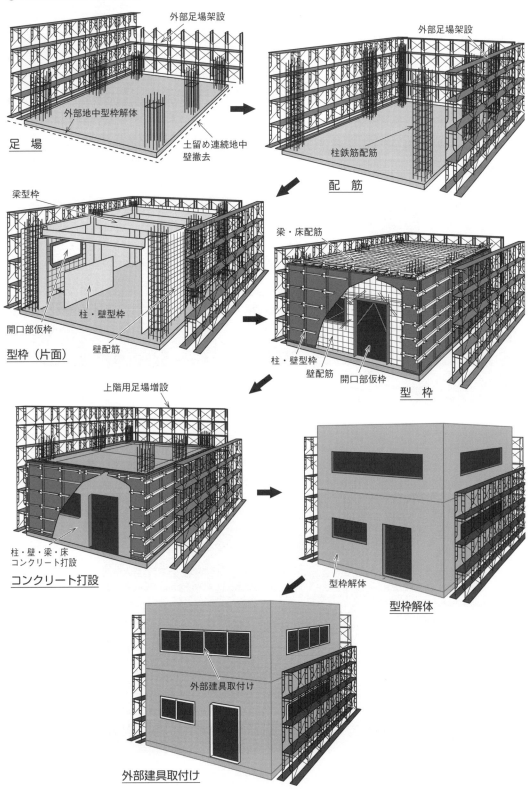

建築工事工程

（1）柱鉄筋工事施工 ●●●●

地上階から鉄骨鉄筋コンクリート構造の場合もあります．これは，1階床スラブ面に立ち上げてある柱筋を，圧接工によるガス圧接などで接続し上階スラブ高さ以上に繋げ，フープ筋を巻く工事です．ガス圧接は火気作業であるため，火気を必要としない機械式継手を用いた施工方法もあります．

⬅⬆ 柱鉄筋工事

⬅ 地上部

電気設備工事

(1) 柱鉄筋工事施工時

　柱取付けコンセントなどのアウトレットボックスの設置，および避雷針用の接地の金物を溶接して導線を引出す作業があります．

　柱主筋の間にボックスが納まるか，縦方向がフープ筋の間に納まるかを検討し，フープ筋を上下にずらすこともあります．このときは，躯体の強度を損なうことがないように建築工事側の了解が必要です．取付け後，床にその位置を記しておきます．なお，構造上，柱及び構造壁や外壁のボックス及び配管は基本的に施工不可の場合があるので，要施工の場合は建築関係者と協議が必要です．

⬆ 柱取付ボックス

　雷保護設備の**引下げ導体**は鉄骨または鉄筋を利用する方式が多く，柱鉄筋工事の時期に**鉄筋用導線引出端子**を取り付け，接地銅板から試験端子を経由した導線と接続します．

　構造体鉄骨または主筋への引下げ鋼帯の溶接は建築専門業者の施工として，鉄骨溶接用ベースプレートの溶接施工を依頼します．また，主筋での鋼帯溶接は火気溶接を用いない鉄筋用クランプき金物を用いた施工方法もあります．

⬆ 鉄筋用導線引出端子

(2) 壁鉄筋工事施工 ●●●●

　壁型枠を片側のみ建て込んだ後,床スラブに立ち上げてある壁差し筋に繋いだうえ,必要に応じてシングル配筋,ダブル配筋が施工されます.

　すべての鉄筋を結束後にスペーサーを入れ,かぶり厚を確保します.かぶり厚が不足するとコンクリートのひび割れを生じる場合があります.

⬆ 耐震壁配筋(ダブル)

⬅ 壁配筋(ダブル)

⬅ 壁配筋(シングル)

⬆ 柱梁型枠建込み

⬆ 壁型枠建込み(上から見たところ)

電気設備工事

2.4 ◆ 各工程における電気工事の実務

(2) 壁鉄筋工事施工時

壁配筋工事の時点では，片側型枠が建て込まれたら，そちら側の部屋に付くコンセントなどの**アウトレットボックス**を型枠に取り付けます．壁配筋が完了した時点で，反対側の部屋に付くボックスを壁鉄筋に支持して電線管を配管し，床に位置を記します．両側の壁型枠が完成後，固定金具でボックスを引き止めて固定します．

スイッチボックスを取り付ける場合は，その大きさ（1個用～4個用など）を間違えないように注意します．

常に鉄筋との離隔（30～50mm）をとり，不要に鉄筋を曲げないようにします．

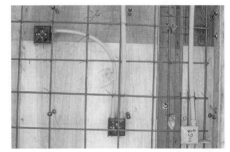

↑ アウトレットボックスおよび配管

↑ アウトレットボックス ↑ スイッチボックス

取付け壁面の仕上げ（直仕上げ，モルタル塗り仕上げ，ボード貼り仕上げなど）により塗り代カバーを取り付ける必要があります．

塗り代カバーも照明器具，情報機器などの取り付ける機器によって，小判型縦付け，横付け，丸縦付け，横付けなどに注意します．

導線引出端子にて引き出された避雷導体と，接地銅板からの避雷導体を接続する**試験用端子函**（接地極用）をアウトレットボックスと同様の方法で取り付けます．

↑ 試験用端子函（接地極用）

(3) 床スラブ型枠施工 ●●●●

　下階の床スラブから支保工を立て，上階のスラブ型枠を敷き込む工事です．型枠の種類によって，PC版，FC版，およびその他の工法があります．各スペースの用途により床スラブレベルが異なる場合があるので注意が必要です．

　スラブの型枠組が終わると梁型枠に合わせ梁の配筋を行い，梁形内に落とし込みます．なお，梁筋を落とし込む際は，スリーブおよび配管に支障を招かないように立会う場合があります．

⬇ 型枠支保工

⬇ スラブ型枠

電気設備工事

2.4 ◆ 各工程における電気工事の実務

(3) 床スラブ型枠施工時

　床スラブ型枠が完成したら，コンセントなどの配管立上り位置やインサートを取り付ける位置などをスラブに墨出しします．

　幹線などが床スラブを貫通する電気シャフトにその位置を墨出しし，貫通枠を設置します．

　下階の天井照明器具吊り用インサートを取り付けます．

↑ スラブ貫通枠
（電気シャフト部分の幹線配管配線用）

↑ スラブ貫通枠（ケーブルラック用）

↑ スラブ貫通枠
（配管・配線用スリーブ）

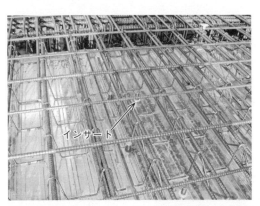

↑ 器具吊り用インサート（照明器具用，幹線用など種別ごとに色分けする）

(4) 床スラブ配筋施工 ●●●●

完成した床スラブ型枠上に，スラブ鉄筋を配筋する工程です．配筋方法には，耐荷重強度などからシングル筋，ダブル筋などがあります．型枠と鉄筋との離隔を確保するため，**スペーサ**などの小さなブロック片（サイコロ）を適所に入れます．スラブ配管前，またはスラブ配管後に配筋検査があります．

↑ スラブ配筋

↑ スラブ配筋上の歩行通路

↑ スペーサ

↑ ブロック（サイコロ）

コラム 高圧ケーブル工事技能認定制度

高圧受電設備規程の「第1章 標準施設 1120-5 ケーブルの端末処理」では『高圧引込みケーブルの端末処理は熟練した作業者により正確な工法で，施工すること』と規程しています．この高圧ケーブル工事の技能者については，従来各電力会社の技能認定，電線メーカー，工事業者の所属証明，電気協会の講習会受講者などバラバラの方法で技能認定が行われていましたが，高圧ケーブル工事の施工技術の向上，事故の防止，施設の保安の向上を目的として，これを統一して発足した制度が「高圧ケーブル工事技能認定制度」です．各地区の電気協会などにおいて検定試験・講習会が実施されています．高圧引込みケーブルの端末処理をしたときは，見やすい箇所に耐久性のある銘板を取り付け，容易に消えないような方法で，線名，作業日付および作業者氏名を表示しなければなりません．完璧な仕事をするためにもぜひ挑戦していただきたい資格です．

(4) 床スラブ配筋施工時 ■■■■

この工程で床スラブ埋設配管を施工します（「地下階躯体工事」の項と同じ）．

スラブより二重天井内への配管の引き込みには，エンドカバーを使用します．

合成樹脂可とう管を使用してのコンクリート埋設管は，**ハッカー**と呼ばれる鉄筋結束工具によって，鉄筋に結束線で堅固に固定します．合成樹脂可とう管を使用するときは，コンクリート打設時に浮き上がることがないよう，固定箇所を増やす必要があります．また，配管が平行する場合は間隔をとって，コンクリート床の強度を低下させないよう注意します．

配管作業に伴って鉄筋を踏み荒らさないように踏板の上を歩行するなど十分な注意が必要です．配管終了後，配筋検査を受けます．

⬅⬆ スラブ配管工事

断熱材部分のエンドカバー ⬅ スラブより二重天井への配管の引き込み

➡ 鉄筋結束の工具（ハッカー）

⬅ 鉄筋結束作業

(5) 床スラブコンクリート打設 ●●●●

　各階の床スラブ，柱，壁および梁のコンクリートを打設する作業です．生コン会社（生コンクリートを作る会社）からミキサー車で現場に搬送された生コンクリートを柱，壁の型枠に圧送ポンプ車を使って流し込みます．コンクリートがまんべんなく行き渡るよう，バイブレータを掛けます．この作業が不十分な場合，打継ぎ部分や電気ボックスまわりにジャンカと呼ばれる打設不具合が生じ，強度面や仕上げに支障があります．また，コンクリート圧送ポンプの圧力により，型枠が破壊されて生コンが溢れ出すことがあり，これを「型枠がパンクした」といいます．工事の手戻り，生コン処理，さらには人身事故の発生にもつながり，パンク初期に打設をストップするなど，注意が必要です．

　型枠の上から木槌でたたき，コンクリートを隅まで充填させると同時に"音"で状況を確認します．

⬇ コンクリート打設

⬆ コンクリート打設（"音"で確認）

(6) コンクリート養生 ●●●●

　コンクリート打設後，所定の強度を確保するため，型枠を解体せずに養生期間（通常3週間程）をとります．

　この間に上層階の型枠鉄筋工事を繰り返し作業し，上階の躯体生コンを打設していきます．以下，計画階数にわたって同じ工程を繰り返します．

⬆ 型枠解体（壁部分解体）

➡ 型枠解体完了

(5) 床スラブコンクリート打設時

　コンクリート打設に立ち会い（コンクリート合い番），建て込み時に取り付けたアウトレットボックスや配管が，コンクリート打設で外れたり，曲がったりしないように，十分に注意します．
　コンクリート打設時は躯体品質を損なわないよう，適宜施工状況の確認が必要です．
　床スラブのコンクリート打設時には，施工済みのスラブ配管がコンクリート打設で浮き上がったり，所定の位置からずれないよう手直します．また，スラブ上に立ち上げた配管が倒れて，コンクリートに埋没しないように補強支持をします．
　立ち上げ配管の管口からコンクリートが入らないように，ウエス（布切れ）などで養生（配管の口元に蓋をする）をしておきます．

⬆ コンクリート打設立会い

⬆ 立ち上げ配管

(6) コンクリート養生時

　型枠解体前に引き留め金具などを取り外します（ボックスのボトル仕舞い，俗に釘仕舞いともいいます）．
　下の階で型枠が解体された部分の配管内清掃や，地下階の幹線・電気シャフト（EPS）内立ち上がり幹線ルートの施工をします．
　この間に上階の型枠鉄筋作業が始まれば，その階の電気設備配管工事を進めます．
　以下，建築工程に合わせて作業を繰り返します．

⬇ 型枠解体後

(7) 鉄骨建て方施工 ●●●●

　高層建物などでは，地上階より鉄骨躯体構造の場合があります．柱，梁鉄骨をクレーンにて吊り上げて1節，2節というように何節かの工区に分けて組み上げます．組んだ鉄骨はボルトで仮締め，その後，本締めの固定をし，垂直を矯正されます．

⬆ 鉄骨建て方

(8) 耐火被覆施工 ●●●●

　鉄骨構造（S造）の建物の場合，火災時の耐火性能を確保するため，鉄骨に耐火被覆を施します．湿式（吹付け）と乾式（貼込み）があります．

⬆ 耐火被覆工事（湿式）　　　　　　⬆ 耐火被覆工事（乾式）

湿式は水とセメントを混合し，吹付け施工機械で圧送されたロックウールを混合しながら均一に下地に吹き付ける工法です．

乾式は被覆材固定ピンを設置場所に事前に取り付け，耐火被覆材を取り付ける工法です．吹き付け工法とは異なり材料の飛散がなく，他業種との同時作業も可能です．

コラム　建築設備耐震設計・施工指針

　建築設備の耐震支持方法の設計に必要な地震力の考え方，アンカーボルト，設備用基礎の選定方法や施工を行う際の「指針」を示したものです．

電気設備工事

(7) 鉄骨建て方施工時 ■■■■

建築工事が鉄骨建て方を施工している間，他の業種は，安全面からも建て方作業範囲内には立ち入り禁止です．

電気設備工事の施工はこの間，型枠の解体が完了して通り芯の1m返り墨など，建築施工の基準墨をもとに地下階で幹線用の管路やケーブルラックなどの吊込み工事や天井配線工事を施工することが一般的です．

鉄筋工事の項で述べた避雷導線引出しと同様に，**鉄骨用導線引出端子**を使用します．そのほか，接地用銅板からの導線と接続する箇所にも鉄筋工事の項と同じく**試験用端子函**を設置します．

⬆ 配線（型枠解体後）

⬆ 露出配管

(8) 耐火被覆施工時 ■■■■

鉄骨耐火被覆の施工時には，既に施工した部分を耐火被覆工事の施工によって被覆材が覆い被せられないように，天井面にあるVVFケーブル（Fケーブル），柱面ボックスなどの養生が必要です．

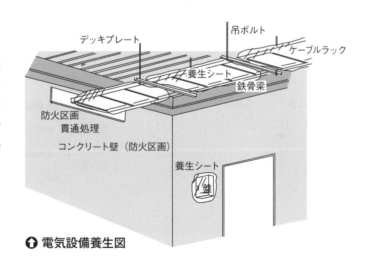

⬆ 電気設備養生図

コラム 配管の耐震施工

配管やケーブルラックなどの施工時は，施工対象物に合った耐震施工を行い，地震時の機能維持に備えた施工が必要です．

⬇ ケーブルラック耐震支持の適用

設置場所	耐震クラスA・B	耐震クラスS
上層階	支持間隔8m以内にA・B種1箇所	支持間隔6m以内にSA種1箇所
中間階・地階・1階	支持間隔12m以内にA・B種1箇所	支持間隔8m以内にSA種1箇所

参考：建築設備耐震設計・施工指針（2014年版）

4. 内装（仕上げ）工事

建築の躯体工事が出来上がったところから内装・仕上げ工事を並行して進めます．

内装工事は，はじめに壁，床，天井などの下地作業と並行で電気・設備業者による配線・配管作業を行った後にボード貼りやモルタル塗りと続きます．最後に，部屋の用途や目的に応じて，ペンキ塗り，クロス貼り，タイル貼りなどは建築仕上工事の完了後，建築機材も含めた各設備機器の取付けを行います．

建築工事と電気工事の大まかな流れ（工程）を下図に，仕上げ工事の概要を次ページの図に示します．仕上げ工事の全体像については，6章148頁の図を参照してください．

電気工事では，建築工事の各工程が進むに従って，接地工事，配管工事，配管・ケーブルラック・照明器具用吊ボルトの取付けや軽鉄天井（天井軽量鉄骨下地または天井軽鉄下地）の開口補強，アウトレットボックス・プルボックスの取付け，配線・結線，最後にスイッチ・照明器具・スピーカなど電気設備機器の取付けをします．

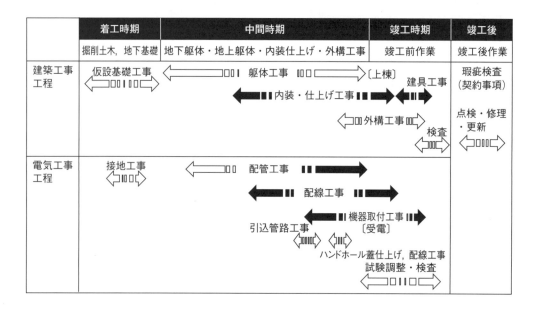

🔽 内装（仕上げ）工事の流れ

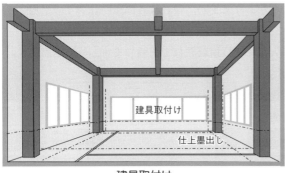
建具取付け

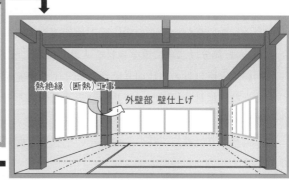
内装下地

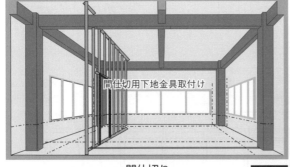
間仕切り

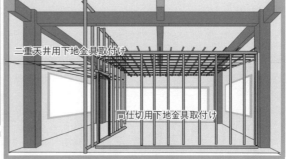
天井下地

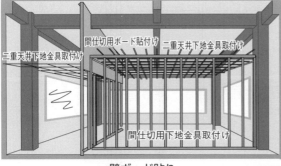
壁ボード貼り

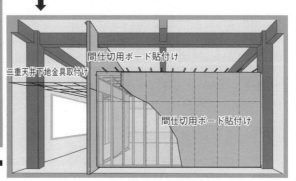
壁・天井ボード貼り

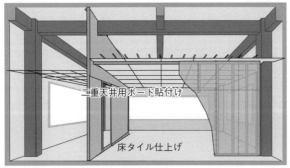
床仕上げ

(1) 間仕切り軽鉄施工 ●●●●

　間仕切り壁には木製，コンクリートブロックなどがありますが，最近は各部屋間仕切りの下地骨組みは，軽量鉄骨（軽鉄）による施工法が多く採用されます．床と天井面に水平下地（ライナー）を取り付け，その間に縦下地骨組みを組み入れて横桟用軽鉄材で補強します．特に開口部や，かど部分は二重に縦下地材を入れて補強します．

　防火区画以外の間仕切りでは，天井下地が完了後に天井下地材を施工し，天井内は素通しのこともあります．

　間仕切り軽鉄施工時のおおよその工程を下図に示します．

建築工事工程	←墨出し→ ←骨組み→ ←建具取付け→
電気工事工程	←墨出し→ ←ボックス取付け→ ←配管配線→

↑ 軽鉄間仕切り壁施工例

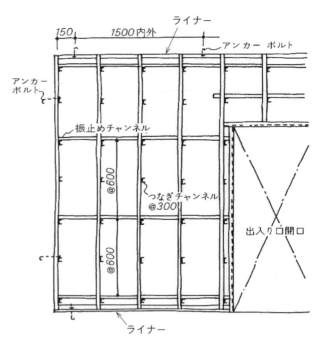

↑ 軽鉄壁説明図

電気設備工事

(1) 間仕切り軽鉄施工時

　床にライナー墨が出た時点，または間仕切り用下地軽鉄工事の完了後に，ボックスを取り付ける位置を床面に墨出しします．これは壁にボードが張られた後でも，ボックスの位置が分かるようにするためです．また，低圧幹線や通信用幹線の配線・ケーブル（ケーブルラックを含む）が，間仕切り軽鉄を横切る場合は，スペースを明示して，開口部の補強を建築工事に依頼します．

　下地軽鉄作業が完了したら，床墨の位置に所定の高さどおりにスイッチ，コンセント，電話用などの塗り代カバー付きアウトレットボックスを軽鉄縦下地に取り付け，配管・配線をします．なお，縦下地材がボックスに当たる場合は，軽鉄工事担当者と相談了解のうえ，下地を移動・補強します．

　タイルなどのように目地がある場所に取り付ける場合は，目地の中心になるようにします．

　多少の位置変更であればボックスを移動できる場合もありますので，建築工事担当者と事前に打ち合わせて確認し，施工する必要があります．

⬇ 軽鉄間仕切りへのボックス取付け施工例

⬇ 目地の中心に取り付けた配線器具の施工例（仕上り状態）

(2) 軽量鉄骨天井下地施工

　コンクリート天井スラブのまま，またはコンクリート面に塗装したり，吸音材などを直に貼る場合を**直天井仕上げ**といいます．例：電気室・機械室・倉庫・駐車場など．

　スラブの下に空間を設けて，さらに何らかの仕上げをする場合を**二重天井仕上げ**といいます．例：事務室・応接室・会議室・廊下・ホールなど．

　天井仕上げには，下地骨組みとして軽量鉄骨材を組み上げる方法（軽量鉄骨天井），システム格子天井（システム天井）などがあります．

　施工にあたっては，床より少し高い位置の全面に足場を組んで作業します．

　軽量鉄骨天井下地（軽鉄天井下地）の施工時のおおよその工程を下図に示します．

建築工事工程	←墨出し→	←吊りボルト取付け→
		←軽鉄取付け→
電気工事工程	←墨出し→	
		←ボックス取付け→ 配管配線→

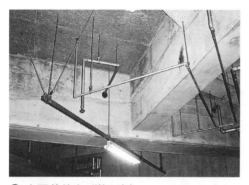

↑ 直天井仕上げ施工例

↑ 軽鉄天井下地施工例

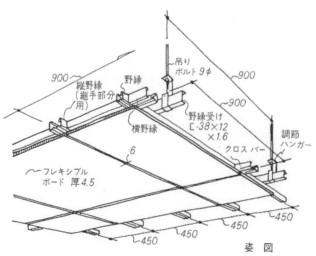

← 軽鉄天井下地とボード貼り説明図

電気設備工事

（2）軽量鉄骨天井下地施工時

　天井配線の施工のうち直天井仕上げの場合は，上階の床コンクリートを施工するときに床（スラブ）にボックスの取付け，配管工事を行います．

　吸音材貼り仕上げの場合は，直天井仕上げにさらに吸音材を貼るため，天井面に取り付けたボックスと吸音材の仕上げ面は，吸音材の厚み分を考慮してボックスを取り付けます．

　二重天井仕上げの場合は，軽鉄工事が完了したら天井仕上げ前にボックスを取り付け，配管・配線をします．

　軽鉄天井下地作業前に，天井に付ける埋込照明器具や埋込スピーカなどの位置を床面に墨出しをします．軽鉄が組み終わったら，軽鉄に器具開口寸法を墨出しします．器具などを取り付けるための開口が軽鉄を横切る場合は，軽鉄の切断・補強を建築工事に依頼します．

　天井内配線は，軽鉄工事が完了する前に施工することも多く，軽鉄工事に関係なく作業ができるので配線がやりやすいという利点がありますが，ボックスの取付けができないなどの欠点があります．

　軽鉄工事の完了後に配線工事を行うと，軽鉄があるため配線がやりにくくなります．

　天井内には電灯，コンセントなどの強電用配線と，放送，自動火災報知器などの弱電用配線などが混在しますが，これらの配線の支持間隔は 2m 以内とし，用途ごとに適正本数（5本以内が望ましい）以内にまとめて結束し，吊りボルトなどに支持します．

　また，強電用配線と弱電用配線は互いに接触しないようにしなければなりません．

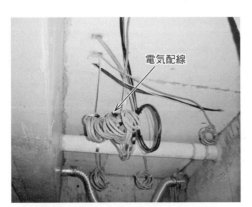

↑ 軽鉄天井施工前の電気配線施工例

↑ 電気配線後の軽鉄天井施工例

(3) 壁ボード貼り施工 ●●●●

　壁軽鉄下地に石膏ボード（9 mm 厚，12 mm 厚）を，軽鉄ビスを用いて貼り付ける場合と，コンクリート柱・壁面に，ボンド（通称 GL ボンド）を団子状にし，ボードを貼り付けて仕上げる（通称 GL 工法）場合があります．貼り付けたボード面をパテでしごいて，凹凸や貼り段差をなくします．壁ボード貼りの施工時のおおよその工程を下図に示します．

⬇ ボード貼り後のパテしごき施工例

⬇ 壁ボード貼り施工時のおおよその工程

建築工事工程	⇦ ボード貼り ⇨
	⇦ パテしごき ⇨
電気工事工程	配線 ⇦ ボックス位置出し開口 ⇨

(4) 天井ボード貼り施工 ●●●●

　軽鉄天井（軽天）下地に，石膏ボードをビスで貼り付ける作業です．その上に仕上げボード（吸音ボード，ソーラトンなど）をボンドとステップルで貼ります．軽天材に直に仕上げ材（吸音板など）を貼る場合やクロスを貼る場合もあります．クロス貼りの場合は下地面をパテでしごき平坦にします．天井ボード貼りの施工時のおおよその工程を下図に示します．

⬇ 天井ボード貼り施工時のおおよその工程

一般天井	建築工事工程	⇦ 下地 ⇨
		⇦ ボード ⇨
	電気工事工程	⇦ 墨出し
		⇦ 配線 ⇨ ⇦ 器具付け結線 ⇨
システム天井	建築工事工程	⇦ 下地 ⇨
		⇦ ボード ⇨
	電気工事工程	⇦ 配線 ⇨
		⇦ 器具付け ⇨

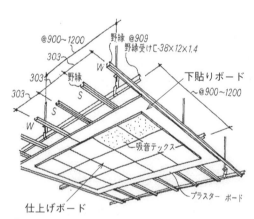

⬆ 軽天材と天井ボード説明図（2 枚貼り）

(5) システム天井施工 ●●●●

　主にオフィスに使用されるシステム天井には照明を含めた設備ゾーンをライン状に配置するラインタイプと T バーを所定のモジュールに組み込むクロスタイプがあり，最近の施工例としては，天井パネルおよび照明器具などを，T バーで組まれた格子内に落とし込むグリッドタイプなどがあります．

➡ システム天井下地

電気設備工事

(3) 壁ボード貼り施工時

壁のボード貼りが開始される前に，ボックスの取付け位置と高さがすべて床面に墨出しがされていること，ボックスが取り付けられていること，および配線が完了していることなどを確認します．なお，追加になったボックスなどは忘れやすいので未施工がないように注意が必要です．

ボード貼りが完了したら，床に出した墨に基づき，引きまわしのこやボード開口用電動工具でボードを切り込んで開口します．ボードの種類によっては割れやすいものもあるので注意が必要です．

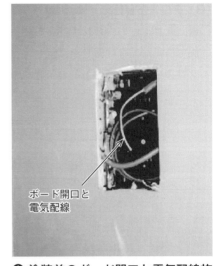

⬆ 塗装前のボード開口と電気配線施工例

(4) 天井ボード貼り施工時

天井ボード工事が完了したら，軽鉄天井作業前に床面に出した墨を，下げ振りやレーザ墨出し器を使って天井下地ボード面に位置を出すとともに，埋込器具の開口の大きさを墨出します．建築工事にボード開口工事が含まれていれば，開口を建築に依頼します．含まれていなければ電気工事で開口します．

⬆ 天井ボード開口の施工例

⬆ 天井ボードと配線取出し施工例

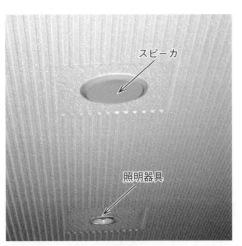

⬆ 天井ボードと照明器具・スピーカ取付け例

(6) クロス貼り施工 ●●●●

壁，天井や壁の内装仕上げとして，布やビニルクロスなどを糊貼りする作業です．

施工場所に糊付け機具を設置してクロス貼り工（内装工）が施工します．

クロス施工時のおおよその工程を下図に示します．

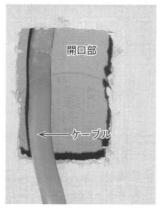

↑ クロスの開口と電気配線施工例

(7) 塗装仕上げ施工 ●●●●

天井や壁の内装仕上げとして，ペンキなどの塗装により仕上げする作業です．

塗装方法には，刷毛塗り，ローラ塗り，ガン吹き工法などがあります．

塗装仕上げの施工時のおおよその工程は，クロス施工時の工程とほぼ同じです．

↑ ボックスの養生と塗装仕上げ施工例

(6) クロス貼り施工時

　壁や天井の仕上げがクロス貼りの場合，クロス貼り完了後にスイッチやコンセントを取り付けます．クロスはボックスの開口部や本体の上から貼るので，クロス貼り完了後に床墨に基づいてクロスをナイフなどで切りあけます．クロス工事前に機器本体を先行して取り付ける場合がありますが，この場合，本体の表面にクロスの糊が付くので養生テープなどで養生します．

　開口する際には，必要以上に大きく開口したり，クロスを傷付けないように注意しなければなりません．

　また，コンクリート工事でボックスがコンクリートで覆われている場合は，クロス工事前にコンクリートを取り除き，開口して清掃します．

← クロス開口後のスイッチの取付け施工例

(7) 塗装仕上げ施工時

　壁や天井の仕上げが塗装の場合，塗装仕上げの完了後にスイッチやコンセントを取り付けます．塗装工事の前に機器本体を先行して取り付ける場合，機器本体に塗装が着くのでクロス貼りと同様にテープなどで養生します．この場合，塗装工事の完了後に，養生テープを取り除き，プレートを取り付けます．

　また，コンクリート工事でボックスがコンクリートで覆われている場合は，塗装工事前にコンクリートを取り除き，開口して清掃します．

← ボックスと塗装仕上げ施工例

5. 各種機器の取付け工事

電気設備工事の作業の中には，建築の工程にのって作業を進める工事以外に，施工場所の建築内装工事が完了していれば，その後に機器の搬入・据付け・調整など独自に作業が進められるものがあります．

独自といっても，全体工程内に完了させなければならないことは当然です．

この時期になると，建築工事における建具その他の取付け工事と電気設備工事は複雑にからんできます．

	着工時期	中間時期	竣工時期	竣工後
	掘削土木，地下基礎	地下躯体・地上躯体・内装仕上げ・外構工事	竣工前作業	竣工後作業
建築工事工程	仮設基礎工事	躯体工事　〔上棟〕 内装・仕上げ工事 外構工事	建具工事 検査	瑕疵検査 （契約事項） 点検・修理 ・更新
電気工事工程	接地工事	配管工事 配線工事 引込管路工事　機器取付工事 〔受電〕 ハンドホール蓋仕上げ，配線工事 試験調整・検査		

MEMO　主要資材の搬入

資材の搬入がスムーズに実施されるには，現場周辺の状況や所要日時などを詳細に調査し，資材の搬入場所や搬入方法などを資材ごとに検討する必要があります．計画が不十分だと他の業者とのトラブルの原因につながるので，詳細な搬入計画書を作成しなくてはいけません．また，場内に搬入されてきた資材は，品質や数量を確認するため，受入時に検査を行います．キュービクルや発電機など，揚重機を使用しての重量機器搬入時は資材置き場に仮置きするのではなく，直接据え付けることが望ましいです．

■ 電気室機器設置・取付け工事

電気室には，受電盤，配電盤（キュービクル），変圧器などを設置します．これが電気設備の心臓部です．電気室は屋内に設けられることもありますが，配置スペースが確保できない場合には屋外や屋上にキュービクルを設置する場合があります．一般的に据付基盤や架台は建築工事にて施工されますが，ケーブルの入線などを考慮した高さの基礎架台にするため，建築担当者と協議のうえ施工を行います．また，屋内電気室にキュービクルを設置する場合も，配線ピットを作成時は建築工事にて床シリンダーコンクリート打設等が発生するので建築担当者と施工時期なども含め早期の打合せが必要です．

キュービクルの搬入・据付けは重量物搬入業者に依頼することが一般的で，搬入がスムーズに行えるよう事前に搬入経路を確保しておくことが重要です．また，チャンネルベースを設置しておく必要があります．

設置完了後は，後工程の作業によってキュービクルが損傷しないよう養生しておきます．

搬入据付した製品などには客先と協議のうえ損傷，汚損，劣化など防止のため，下記のいずれかの養生材（ビニールシート，布，テープ，ベニヤなど）を用いて養生を行います．

⬇ 搬入状況

⬆ 屋外キュービクルの設置状況

⬆ 屋内キュービクルの場合の設置状況

■ 発電機室機器設置・取付け工事

　自家発電設備の設置工事は，専門業者が施工する場合がほとんどです．搬入・据付けから配管・配線までを一式行います．

　発電装置は重量があり，それ自体が震動するため，充分な強度を持ったコンクリート基礎上に設置します．一般的に，この基礎工事を含めて防油堤や発電機室内の防音処置工事などは，建築工事にて施工します．

　自家発電設備は，その用途により非常用，常用，常用・非常用兼用の3種類があり，電気設備が法に定められた範囲内の規模で，非常用自家発電設備を設置する場合の電気工事には**特種電気工事資格者**（非常用予備発電装置工事）の認定が必要です．

　屋外や屋上の場合は，発電装置のほかに燃料タンクや制御盤，補機すべてが搭載されたキュービクル型の発電装置を設置します．

　受変電・発電機・盤類など重要な機器に対しては，設計図に示す特記仕様書や最新の耐震設計の仕様書をもとに十分検討し設置を行います．

↑ 搬入状況

↑ キュービクル型発電装置の設置状況

↑ 発電装置の設置状況（屋内の場合）

↑ 補機設置状況（屋内の場合）

■ 管理室機器設置・取付け工事

　中・小規模の建物では，中央監視室と警備管理室とを兼用する場合も多く，サービスセンターや防災センターとして，日常や緊急時のビル管理を行います．したがって，火災や地震などの災害時でも，その機能を充分発揮できるよう，機器設置に際しては相応の対策が必要です．

　管理室には，建物内にはりめぐらされた電気などの設備装置を効率良く運用・管理していくために，各々のセンター装置や監視装置を設置します．主な装置を次に示します．

① **電力監視装置**：受変電設備の操作・計測・監視を行います．
② **空調監視装置**：空調設備の発停・監視を行います．
③ **防災盤**：自動火災報知設備の受信機・消火設備の連動機能を併せ持ちます．
④ **非常放送盤**：一般業務用放送を兼用する場合が多いです．
⑤ **エレベータ監視盤**：エレベータ運行の監視を行います．
⑥ **照明制御盤**：各所照明の点滅や調光を制御します．

　管理室に設置される機器の配線は電気工事士が行いますが，管理室には諸設備の種々配線が集中するため，使い勝手を考慮した機器配置など充分な取り合い（スペースや経路の調整）が必要なうえ，他の工事との作業工程を綿密に調整しなければなりません．特に二重床内（フリーアクセスフロア内）の配線は，後々の増設も考慮し，余裕を持って計画し施工する必要があります．

↑ デスク型監視装置

↑ ロッカー型監視装置

↑ 防災盤

↑ 非常放送盤

最近の建物では，確実なセキュリティシステムを要求される場合が多く，日常の防犯・管理のため，24時間体制の集中監視を行います．

ここには，主として下記のセンター装置が設置されます．

① **防犯盤**：各所に設置された防犯センサの警報を表示します．
② **監視カメラ主装置・監視モニタ**：主要出入口の不法侵入者防止用監視システムとモニタで監視します．
③ **鍵管理設備主装置**：テナントビルでは，通用口のキーボックスの状況を監視します．
④ **非常放送**：遠隔放送するためにリモートマイクを設置することがあります．
⑤ **電気錠制御盤**：防犯盤と兼用する場合が多いです．
⑥ **駐車管制装置**：駐車場の入出庫を管理します．

これらの機器は，専門メーカーが責任を持って設置工事をするのが一般的です．

⬆ リモートマイク

⬆ 駐車管制装置

⬇ 監視モニタ　　⬇ 監視カメラ主装置

■ 各所天井面の機器取付け工事

　天井に取り付ける機器は，照明器具のほか，火災感知器（自火報設備），スピーカ（放送設備）や各種センサ，AV機器などがあります．電気設備のほかにも，給・排気口（空調工事）やスプリンクラヘッド（衛生工事）などがあります．

　天井に器具を取り付ける時期になると，現場の工程はいよいよ終盤を迎え繁忙となりますので他業種との工程を詳細に調整し，手戻りのないよう確実に取付け工事を行わなければなりません．

(1) 照明器具 ●●●●

　蛍光灯器具を二重天井に取り付ける場合は，スラブから吊りボルトなどで支持するのが原則ですが，小型軽量の場合には天井下地材（野縁）から支持する場合もあります．

　埋込型蛍光灯を取り付ける場合は，あらかじめ天井下地材（下地ボード）や天井面に開口寸法を記入（墨出し）しておき，建築工事にて開口するのが一般的です．

　システム天井照明は，専用のTバーに器具を乗せ，落下防止の金具を取り付けます．直付け型蛍光灯は，列が一直線になるよう取り付けます．ダウンライトは開口穴からずれたり，隙間ができると見栄えが悪くなるので，注意して取り付けます．

　昨今は地震による器具の落下防止対策ワイヤー取付けなど安全対策としてのニーズもあります．

⬆ 埋込型蛍光灯

⬆ システム天井照明

⬇ ダウンライト照明

⬇ 直付け型照明

電池内蔵の照明器具には，誘導灯や非常用照明があります．これらの器具を取り付けるときは，電池の接続を忘れないよう注意が必要です．

コーブ照明（建築化照明）は間接的に天井面や壁面を照らすので，光源である照明器具が見えないように取り付けます．また，受光面に陰影が出ないよう器具を千鳥配列とします．

⬆ 誘導灯

⬆ コーブ照明

(2) 火災感知器，スピーカ，その他 ●●●●

火災感知器やスピーカ，警報センサ，AV機器などは専門業者が取り付けます．火災感知器を取り付ける工事は，消防設備士の資格が必要です．

露出型の火災感知器は，天井内にアウトレットボックスを取り付け，それに固定しますが，ケーブル工事の場合は，ボックスの代わりに補強材に固定する場合もあります．

埋込型の火災感知器は，ダウンライトのように天井ボードに支持する方法が一般的です．

埋込型のスピーカも軽いので，本体を天井ボードに取り付け，それにカバーを固定します．

ビデオプロジェクタなど重量のある機器は，吊りボルトではなくC型鋼などの支持材を天井施工前にスラブに固定し，それに取り付けます．

⬆ 埋込型煙感知器

⬆ ビデオプロジェクタ

■ 各所壁面の機器・取付け工事

壁面に取り付ける器具は，スイッチ，コンセントなどの配線器具類のほか，専門業者が取り付ける壁掛型スピーカ，アッテネータ，テレビ端子，電気時計などがあります．

情報用のモジュラージャック（LANや電話）の取付けも専門業者が行う場合が多いです．

コンクリートの壁面に器具を取り付ける場合は，アウトレットボックスなどを埋め込んでおき，それに取り付けます．

ボード壁に取り付ける場合も原則としてアウトレットボックスに支持しますが，ケーブル工事の場合は，器具をボードに挟み，金具を使用して取り付けるボックスレス工法などもあります．重量のあるものや壁付型の照明器具（ブラケット）は，アウトレットボックスをLGS（軽量鉄骨）に堅ろうに固定し，それに支持するか，補強材を埋め込みそれに取り付けます．

ドアまわりには，照明のスイッチやアッテネータなどのほかに，空調のスイッチなどが配置される場合が多いです．取付け高さが揃っていないと見栄えが悪いので，水平・垂直に注意して正確に取り付けます．

壁面に器具を取り付ける時期は，塗装やクロス貼りなどの壁仕上げが終了しているので，仕上げ材を損傷したり汚さないよう注意して作業を行う必要があります．

■ 各所床面の機器・取付け工事

床面に取り付ける器具は，フロアコンセントや電話，情報ケーブルの取出し口，モジュラーコンセントなどがあります．比較的古い建物では，コンクリートスラブ内にフロアダクトやコンクリートボックスを埋め込んでおき，床仕上げが終了した後，フロアコンセントを取り付けています．

↑ 扉付近の取付け状況

↑ ボックスレス工法

↑ テレビ端子，コンセント

↑ ブラケット

最近の建物では，居室内のレイアウト変更に柔軟に対応できる二重床（フリーアクセスフロア，OAフロア）が主流となっています．

二重床内は配線スペースとなっていて，居室内のデスクや什器備品類の配置に合わせ，電源や情報ラインを自由に取り出すことができます．

二重床の仕上げ材は，500 mm角のタイルカーペットが使われることが多いです．

タイルカーペットを敷く前に配線作業を行うと作業効率が良いので，建築工程との調整を行い，極力仕上げ前に配線を終了することが望ましいです．

↑ フロアコンセント

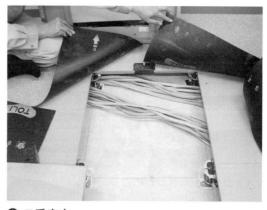

↑ 電話線の取出し　　　　　　　↑ 二重床内

MEMO　フリーアクセスフロア（OAフロア）

　フリーアクセスフロアとは，床下に空間を設け，情報機器などの配線や配管を敷設するスペースのことをいいます．これにより，竣工後のレイアウト変更時の対応を容易に行うことができます．フリーアクセスフロアは建物の防災センターやサーバルームなどの重要な施設となる場所で多く用いられています．また，建物の執務スペースなどに設置する机下コンセントや情報配線など，比較的床下空間が少ない場所のフリーアクセスフロアをOAフロアということもあります．

6. 外構工事

　建物が出来上がり，竣工が間近になると先行した引込管路工事のハンドホールなどの蓋などの仕上げ，建物敷地内の通路・駐車場や植栽などの外構工事を行います．

　それに並行して，電力や通信の引込配線の仕上げ工事や外灯工事などを施工します．

　弱電（有線放送や電話など）設備や電力の引込管路工事は，架空引込と地中引込があり，建屋への引込，引込柱，高圧キャビネットなどの施工は，建築躯体工事や舗装工事の工程に関連した作業となります．

	着工時期	中間時期		竣工時期	竣工後
	掘削土木，地下基礎	地下躯体・地上躯体・内装仕上げ・外構工事		竣工前作業	竣工後作業
建築工事工程	仮設基礎工事	躯体工事　〔上棟〕 内装・仕上げ工事 外構工事	建具工事 検査	瑕疵検査（契約事項） 点検・修理・更新
電気工事工程	接地工事	配管工事 配線工事 引込管路工事	機器取付工事〔受電〕 ハンドホール蓋仕上げ，配線工事 試験調整・検査	

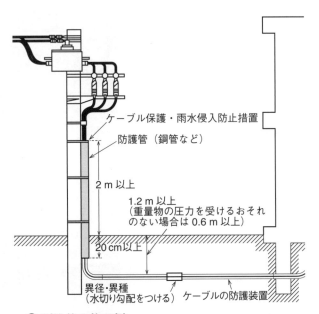

↑ 引込柱の施工例

（1）外構整地工事の施工 ●●●●

建物敷地内の道路・駐車場・植栽・浄化槽排水処理槽・庭園・駐輪場・浄水管などのインフラ用共同溝のための掘削や整地の土木工事を施工します．

① 歩道の掘削

歩道の掘削工事を行うときは，必ず安全通路を確保し，第三者への事故防止に努めます．

⇨ 歩道の掘削

② 舗装面のカット

舗装面を掘削する前に，コンクリートカッターにより舗装面に切込みを入れます．

⇨ 舗装面のカット

③ 油圧ミニショベルによる掘削

歩道，車道などを掘削するときは，事前調査で埋設管の有無を確認します．

⇨ 油圧ミニショベルによる掘削

④ アスファルトフィニッシャ

管路を敷設し，埋戻しを行った後，アスファルト材を敷きならします．

⇨ アスファルトフィニッシャ

電気設備工事

(1) 外構整地工事の施工時

電気工事を先行する場合には，電力・電話引込配管・配線が，掘削・整地の土木工事の際に重機などによって引っ掛けられ破損することのないよう，建築担当者と施工ルート，深度などを打合せのうえ施工します．

① 管路路床転圧

埋設管が波打たないよう床面をプレートランマなどでならします．

→ 管路路床転圧

② ケーブル保護管敷設

掘削部分の路床保護ならしの後，ケーブル保護管を敷設します．

電柱などへの立上げ配管とは異種管継手で接続します．

→ ケーブル保護管の接続

③ 埋戻し

管路敷設後は，良土または保護砂にて埋戻し，水締めなどを行い，管まわりに隙間ができないように施工します．転圧などが不備だと，後日陥没のおそれがあります．

→ 埋戻し

⑤ ロードローラによる転圧
路床面の敷きならし後の，転圧アスファルト舗装の一次転圧などに，ロードローラによる転圧を行います．

⑥ タイヤローラによる転圧
アスファルトの舗装仕上げには，タイヤローラを使用します．

⑦ プレートランマによる転圧
小規模のアスファルト補修転圧用には，プレートランマを使用します．

⬆ ロードローラによる転圧

⬆ タイヤローラによる転圧

⬆ プレートランマによる転圧

(2) 庭園・植栽工事施工
敷地内の外構部分に庭園（芝生や花壇など）や樹木の植樹植栽，張芝工事を施工します．
植木職や庭園業者による施工が行われます．

⬆ 庭園・植栽工事

⬆ 張芝工事

電気設備工事

2.4 ◆ 各工程における電気工事の実務

④ 埋戻し転圧

掘削工事における埋戻し転圧には，ランマを使用します．騒音対策上住宅の密集した場所では電動ランマを使用します．

⬆ 埋戻し転圧

⑤ ケーブル埋設シート敷設

埋設管路の上部30cm程度に埋設表示シートを埋設しますが，高圧，低圧，通信など種別ごとの埋設シートを使用することが定められています．

⬆ ケーブル埋設シート敷設

⑥ ハンドホールの設置

ハンドホールは埋設管路の分岐や接続箇所に設置します．ハンドホールから高圧ケーブルや低圧幹線ケーブルなどを管路へ入線する作業では，引入れの速度に注意してください．また，ハンドホール内でケーブルの分岐接続などを行うこともあるので，建物竣工後，絶縁不良が発生しやすい部分であることからメンテナンスをするうえでも必要です．

⬇ ハンドホールの設置

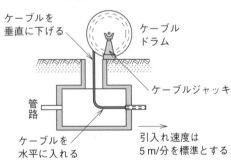

MEMO ハンドホールには工場製作のブロックハンドホールが多く使用され，コンクリート製のほかに樹脂製のものもあります．

(2) 外灯工事施工 ■■■■

ポール庭園灯，アプローチライトなどの外灯の設置施工を行います．植栽内掘削のうえ，地中配管・配線を行います．配管・配線後，植栽工事が行われますが，配管や配線が傷を付けられないように庭園業者と十分な打合せが必要です．また，埋設シートは忘れずに敷設しなければなりません．

> **コラム** 竣工図書

工事が完成し竣工検査が終了したら，工事請負契約書に基づいて引渡しをします．そのときに提出する書類が竣工図書です．竣工図書には次のような書類があります．

工事概要書：工事名・発注者・設計監理者・施工者・施工場所・工期・工事内容などの概要書
保守および緊急連絡先一覧表：不具合があったとき，緊急性を要するときの連絡先としての業者とその担当者名
協力業者一覧表：工事に関わったすべての業者の連絡先と担当者名
鍵引渡し書：引渡しの日付と鍵のメーカー・鍵ごとの番号を書いた一覧表
各種保証書：機器などの保証書
各種機器等試験成績表：変電機器試験成績表，絶縁測定表，接地抵抗測定表，テレビ受信電界強度測定表，その他の試験成績書
取扱い説明書：保守管理者の運転および維持管理のための説明書
各種機器完成図：実際に使用したものの図面や仕様書をまとめたファイル
竣工図：完成図ともいい，日々の保守管理や改修，模様替えなどの際，確実に把握できる請け負ったすべての工事の図面で，最終状態を正確に表したもの
官公庁届出書類：電力会社，消防署，官庁（国，県，市区町村）などへの届け書類の本紙または控えの書類

> **コラム** 電気工事業者が営業所ごとに備えておかなければならない検査器具は？

電気工事業法により，電気工事業者は営業所ごとに絶縁抵抗計，接地抵抗計，抵抗および交流電圧を測定できる回路計を備えておかなければなりません．また，自家用電気工事の業務を行う事業所では，さらに加えて低圧検電器，高圧検電器，継電器試験装置，絶縁耐力試験装置が必要です．しかし，継電器試験装置と絶縁耐力試験装置については，使用頻度が少なく，高価なため，同業者との賃貸契約や自社の他営業所から借用することにより必要時に使用できれば，試験装置が備え付けられていると判断されます．

7. 竣工前作業

工事がほぼ完成すると，残工事がないかをチェックし，あればすべてを完成させ，清掃，クリーニングを行います．また，建築工事，電気設備工事など，各種の完成検査が実施されます．

	着工時期	中間時期	竣工時期	竣工後
	掘削土木，地下基礎	地下躯体・地上躯体・内装仕上げ・外構工事	竣工前作業	竣工後作業
建築工事工程	仮設基礎工事 ⇐⇒	⇐ 躯体工事 ⇒ 〔上棟〕 ⇐ 内装・仕上げ工事 ⇒ 建具工事 ⇐ ⇐ 外構工事 ⇒ 検査 ⇐⇒		瑕疵検査（契約事項） 点検・修理・更新 ⇐⇒
電気工事工程	接地工事 ⇐⇒	⇐ 配管工事 ⇒ ⇐ 配線工事 ⇒ ⇐ 機器取付工事 ⇒ 引込管路工事 ⇐⇒ 〔受電〕 ハンドホール蓋仕上げ，配線工事 試験調整・検査 ⇐⇒		

(1) 清掃，クリーニング工事施工 ●●●●

建築工事も最終工程がほぼ完了したら，発注者に引き渡す前に清掃・クリーニングを行います．また，クリーニングが完了した場所を施錠して立ち入り禁止とする現場もあるので注意が必要です．

(2) 竣工前検査時の実務 ●●●●

建築工事の完成時には，各種検査を受けて合格した後に発注者に引き渡します．

① 建築確認検査

工事を着手する前に提出した確認申請のとおりに出来上がっているかを，検査機関の立会いで検査します．

② 消防検査

防火シャッタなどの防火区画が計画どおりにできているか，それらが適正に動作するかを，消防検査官の立会いで検査します．

⬆ 建築確認検査

⬆ 消防検査

(3) 取扱い説明会 ●●●●

各種検査完了後，建物引渡しの事前に各設備装置の取扱い説明会が，建物管理者に対して行われます．

説明部所が多い場合，建築，電気，機械設備について日割りで説明会が持たれることが多いです．

電気設備工事

(1) 清掃，クリーニング工事施工時

電気設備工事も完了しており，清掃作業に取りかかっていることが望ましいです．照明器具の上面，ダウンライトの反射板の手垢汚れなどは，気がつきにくいですが目立つ部分です．電気工事に残工事があると，その場所に立ち入るために管理者の許可と鍵が必要です．また，残工事があると，施工による汚れなどが発生し，再度クリーニングが必要になりますので，工事は清掃前に完了するよう，残工事のチェックリストを作って工程管理をすることが肝心です．

(2) 竣工前検査時の実務

電気設備に関する各種完成検査を行います．

① **電圧測定**

各分電盤，動力制御盤に規定の電圧が充電されているか確認します．100V器具に200V電圧が接続されていないかなどをチェックします．

　使用測定器具：回路計（テスタ）

② **接地抵抗測定**

埋設時の抵抗値が確保されているか確認します．

　使用測定器具：接地抵抗計

③ **絶縁抵抗測定**

幹線および2次側回路の絶縁抵抗を測定します（絶縁不良で漏電しないかをチェックします）．

　使用測定器具：絶縁抵抗計

④ **極性試験**

コンセントの極性をチェックします．

　使用測定器具：コンセントチェッカ

↑ 電圧測定

↑ 接地抵抗測定

↑ 絶縁抵抗測定

↑ 極性試験

⑤ 建築確認検査

電気設備としては，非常用の照明装置，雷保護設備などがあります．

⑥ 消防検査

電気設備としては，自動火災報知設備，非常警報（放送）設備などがあります（108頁参照）．

⑦ 竣工検査

受配電盤，監視盤，制御盤などの外観，動作について検査します．照明器具その他，電気設備すべてについて，取付け状態やその他の外観・作動検査を行います．電気設備に関する機器の完成図や，竣工図などがそろえられているか検査します．

(3) 取扱い説明会

電気設備のうち一般的に特に説明を必要とする設備について現地で説明します．
（変電・中央監視・動力・照明制御・自火報・防排煙・発電機・蓄電池・放送など）
説明会は，実際に電気設備を操作する人や保守管理する人を対象に行います．
電気工事士としては，単に工事を施工するだけに終わらず，機会を見つけて説明会に参加し，他の各設備の取扱いにも精通することが望ましいです．

コラム　使用前自主検査の方法

使用前自主検査の方法については，経済産業省通達「電気事業法施行規則第73条の4に定める使用前自主検査の方法の解釈」に検査の方法と判定基準が示されています．通達には，需要設備の検査項目において，以下の9項目が示されています．

⬇ 需要設備（受電設備）における使用前自主検査の項目

① 外観検査
② 接地抵抗測定
③ 絶縁抵抗測定
④ 絶縁耐力試験
⑤ 保護装置試験
⑥ 遮断器関係試験
⑦ 負荷試験（出力試験）
⑧ 騒音測定
⑨ 振動測定

8. 竣工後の作業

　各種検査が終了し，全工事が完成（竣工）すると，完成建物の引渡しとなります．引渡しにあたっては，建物や各設備・装置の取扱い説明を行い，運用が開始されると，追加・変更・保守工事などへの対応も行います．通常，竣工1年後には瑕疵検査を実施し，施工上の瑕疵は改修します．以後，修理・更新工事などへの対応も大切です．

	着工時期	中間時期	竣工時期	竣工後
	掘削土木，地下基礎	地下躯体・地上躯体・内装仕上げ・外構工事	竣工前作業	竣工後作業
建築工事工程	仮設基礎工事	躯体工事　〔上棟〕 　　　内装・仕上げ工事　建具工事 　　　　　外構工事 　　　　　　　　　検査		瑕疵検査 （契約事項） 点検・修理 ・更新
電気工事工程	接地工事	配管工事 　　配線工事 　　　　　機器取付工事 引込管路工事　〔受電〕 　ハンドホール蓋仕上げ，配線工事 　　　　試験調整・検査		

(1) 鍵，予備品，完成図書など引渡し ●●●●

(2) 保守，点検 ●●●●

　引渡し後は，建物管理担当者のもとで日常の運営・管理がなされることになりますが，使い勝手のうえから各所の変更・追加工事が出てくる場合が多くなります．さらに，使用する会社などの都合によって，各種の部分的な工事が継続します．

(3) 瑕疵検査（契約事項）●●●●

　建物竣工1年後に施工瑕疵検査を実施します．
　施工上の瑕疵があった場合には改修を行います．
　契約によっては2年目検査もあります．

(4) 修理，更新工事 ●●●●

　建物は完成後，経過年数に応じて機能が劣化します．解体されるまで相当の費用がかかります．したがって，機能回復のための修理や，より機能向上のための改修工事が施工されます．

コラム●　瑕疵（かし）

　法律的に何らかの欠点・欠陥のあること，当事者があらかじめ定めた性質を欠いている点，または，工事の場合には注文者が提示した図面仕様に適合しない点のことであり，一般的には，構築物に生じる傷・欠陥・故障・不具合など構築物の価値を減じる欠点をいいます．構造計算書偽装問題を契機に，売主等が瑕疵担保責任を十分に果たすことができない場合，住宅購入者等が極めて不安定な状態におかれることが明らかになりました．

　このため，住宅購入者等の利益の保護を図るため，「特定住宅瑕疵担保責任の履行の確保等に関する法律（平成19年法律第66号）（住宅瑕疵担保履行法）」が施行されました．

　また，住宅瑕疵担保責任保険法人の指定や特別紛争処理体制の整備については平成20年4月1日に施行され，新築住宅の売主等に対しての瑕疵担保責任を履行するための資力確保の義務付けについては平成21年10月1日に施行されました．

　これにより，安全性その他の品質または性能を確保するための，住宅の瑕疵の発生の防止を図るとともに，住宅に瑕疵があった場合においてもその瑕疵担保責任が完全に履行されるようになりました．

電気設備工事

(1) 鍵，予備品，完成図書など引渡し ■■■■

(2) 保守，点検 ■■■■
　保守点検については，消防法，電気事業法などの関連法令で，点検の保守内容・点検周期などを具体的に定めています．

　保守点検の目的は，機器の性能維持や回復を図るとともに不良箇所などの早期発見を目的とします．

　点検の内容には日常点検，定期点検，精密点検などがあります．施設の内容に応じて計器による測定，機能の確認，温度上昇，異常音，変色，腐食，異臭，破損などのチェックを行います．

　点検には停電などを伴うこともありますので事前の打合せなどを行い，停電計画書などを作成し，設備使用者に周知し，許可を得ておかなければなりません．

(3) 瑕疵検査（契約事項）■■■■
　竣工1年後に電気設備に関する瑕疵検査を実施します．瑕疵工事をなくすため，工事中の品質管理を徹底することが大事です．

(4) 修理，更新工事 ■■■■
　スクラップアンドビルドからストックの時代です．電気工事士としても，リニューアル工事施工のノウハウを多く持つことが，これからの自己成長に必要です．

　最近，省エネルギーが叫ばれていますが，リニューアルに伴う省エネルギーの提案工事も増えてきています．新しい商品の展示会などにも積極的に参加し，新しい技術を吸収して，お客様へ提案することも必要です．

コラム　知っておきたい用語

スクラップアンドビルド（scrap and build）
　老朽化した建物を一度取り壊して，その後，最新鋭の技術などを生かした新しい建物などに建て替えることをいいます．また，建物ではなく，組織などについて用いる場合は，既存組織を一度解体して，新しい組織体を作ることです．事業においては，例えば不採算事業を撤退し，新規事業を興すときなどに用います．

リニューアル（renewal）
　建物の建替えでなく，建物の外観，インテリアや建築の設備などの改修を実施して機能向上，資産価値の向上，イメージアップなどを図るものです．新築と異なり，建物や設備の現況により大きな制約を受けますので，現状把握を的確に行う必要があります．そこで，建物や設備の診断を行います．その結果に基づき，まず劣化が著しく最優先で更新が必要なものは何か，明らかに性能の不足しているものは何か，次に，あと数年は使えそうだがこの際更新すべきものは何か，更に，まだ当分使用可能であるが有効な改善案はないか，などなど，さまざまな検討を行って実施します．

> **コラム** 登録電気工事基幹技能者
>
> 　平成10年度より電気工事統括技士（基幹技能者）としてスタートし，平成17年12月9日に電気工事基幹技能者と名称を変更して実施されてきましたが，平成20年4月1日に建設業法施行規則が改正された際，登録講習制度として位置付けられ，「登録電気工事基幹技能者」となりました．
> 　登録電気工事基幹技能者になるには，国土交通大臣が登録した機関が実施する「認定講習」を受講し，試験に合格された方に修了証が交付されます．受講資格は，電気工事（電気通信工事）の実務経験10年以上，職長講習修了証取得後職長経験3年以上および第1種電気工事士であることが必要です．
>
> ■具体的な役割
> 1. 現場の施工を円滑に行うための技術者と技能者間の連絡・調整・提案
>   ・リーダーシップの発揮，率先垂範，人材育成
>   ・現場の状況に応じた施工方法の提案
>   ・作業を効率的に行うための技能者の適切な配置，作業方法，作業手順等の実行
>   ・前工程や後工程に配慮した他の職長との連絡・調整
> 2. 熟練技能者であること
>   ・技能者を指揮・管理する十分な作業能力者であること
>   ・出来上がりの点検や工事の是正ができること
>   ・OJTを行う能力があること
>   ・作業の管理が得意であること
> 3. 技術の進歩に的確に対応できる知識の修得と柔軟な思考
>   ・技能者の示す施工計画等から，現場に適した技術面から施工方法，作業手順，工夫等の提案能力があること

3章

ビル建築現場における安全

　電気工事士が活躍する施工現場は，毎日状況が変化する生き物であり，さまざまな業種，年齢層の作業員が限られた工期，作業環境下で入り混じって作業を行うため，危険と隣り合わせとなります．

　工事中に災害が発生すると，被災者が通院，休業などに追い込まれるばかりではなく，場合によっては工事が中断するなどして，その後の工事の進捗に大きな影響を及ぼすことにもなります．

　施工現場では，危険が思わぬところに潜んでいますので，自らが被災者にならないようにするためには，日頃から安全を意識し，各自が現場内の状況の変化について常に把握しておくことが必要となります．

3.1 安全に対する心構えを

1. 現場施工と工場生産の違い

　現場施工は，工場内で常設の施設を使用して，決められた品物を大量に生産する工場生産とは図に示すようにいくつか違いがあります．

🔽 工場生産と現場施工の違い

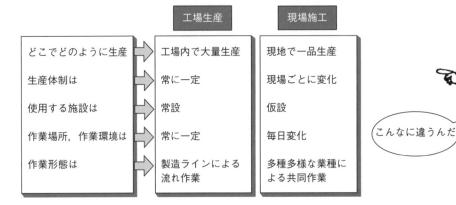

2. 災害に遭いやすい新人作業者

　建築現場では，知識や経験が乏しく，不慣れな新人作業者が被災する事例が多く起こっています．自らが被災者とならないためには，毎朝朝礼で発表される現場内の状況をよく聞いて，重機を使った作業が行われる範囲，開口部などの危険箇所を十分に認識し，作業前に作業内容，作業方法をよく確認して作業することが重要です．

　新人作業者は，現場のどこに危険が潜んでいるかなかなか気づきにくいものです．経験豊富な熟練作業者に指導を仰ぎましょう．

コラム　リスクアセスメント

　リスクは，「起きるかもしれない危険」という意味で使われています．

　刻々と変化する作業現場では，危険の芽が次々に発生します．この「労働災害や事故が起きるかもしれない危険性」（リスク）が「どの作業」の「どこに」，「いつ」ひそんでいるかを洗い出して特定し，評価する（アセスメント）ことが，リスクアセスメントの第一歩となります．

　危険な状態は，労働災害の原因となる不安全行動や不安全状態から発生します．危険な状態には，人的要因や物的要因が含まれています．つまり，労働災害を発生させないためには，労働災害を発生させるおそれがある危険性を作業員全員に理解させ，周知することが重要です．

　このように，リスクアセスメントを行い，労働災害を防止する責任ある立場にいるのが，作業現場の危険を最も熟知している「職長・安全衛生責任者」です．

3.2 安全に作業するためには

1. 現場の行事・仕事のサイクル

個々の現場では，管理するためにさまざまな工夫がなされますが，一般的な現場の日常のサイクルの一例は図に示すようなものです．そのほか，工事期間（工期という）中には法的に定められた行事や，発注者・請負業者の意思により，また作業員相互のコミュニケーションのために，週間サイクル，月間サイクル，年間サイクル，工期サイクルでさまざまな行事が行われます．

工事現場のしくみ

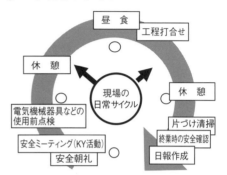

■ さまざまな現場行事の例

- **一日サイクル**：安全朝礼，安全ミーティング（KY活動），工程打合せ，片づけ清掃，終業時の安全確認
- **週間サイクル**：週間打合せ，安全パトロール，一斉片づけ清掃
- **月間サイクル**：安全衛生大会，災害防止協議会（安全衛生協議会），月間打合せ，電気機械器具などの月例点検，安全巡回
- **年間サイクル**：安全週間，衛生週間，安全点検，現場レクリエーション
- **工期サイクル**：起工式，中間点検，官庁検査，竣工検査，引渡し，竣工式

> **MEMO** 直接現場施工には関係が薄いと思われる行事や，気が進まない行事もありますが，現場の規律や意識の共有などのためにも必要なことですので，現場のルールに従って積極的に協調することが安全や品質の確保に大切なことです．

コラム　4S運動

現場内の環境美化活動として，4S運動があります．4S運動は，職場の3S（整理・整頓・清潔）に清掃を加えた4つの要素の重要さを認識させ，これらを徹底させる啓発活動です．4S運動によって，職場をより快適かつ安全なものにし，品質向上を図ることを目的にしています．4つのS（整理・整頓・清潔・清掃）に「躾（しつけ）」を加えた5S活動なども実施されています．

整理：必要なものと不要なものを区分し，不要なものを取り除くことです．その場所にその物が必要か，また，それだけの量が必要かをよく検討します．「いつか必要になるかもしれない」といったものを思い切って捨てることも重要です．

整頓：必要な道具や資料をいつでも使える状態で容易に取り出せるようにしておくことです．安全に配慮した置き方も重要です．

清潔：職場や機械・用具などのゴミや汚れをきれいに取り，作業者自身も身体，服装，身の回りを汚れのない状態にしておきます．

清掃：ゴミ，ほこり，かす，くずを取り除き，きれいに清掃しておくことです．

2. 安全施工サイクル

現場の作業は，図に示すような安全施工サイクルに従って進行します．

■ 毎日の安全施工サイクル（作業員の1日）

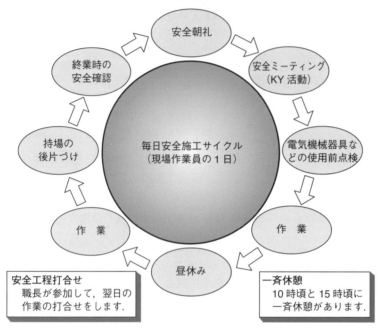

■ 週間の安全施工サイクル

■ 月間の安全施工サイクル

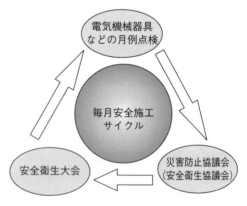

3. 毎日の作業を始める前に

■ 健康チェック

体調が万全でなければ安全に作業できません．疲労がたまると感覚が鈍って体調の変化に気づきにくくなります．作業者どうしで顔色を確認し合い，不調のときには早めに職長に申し出ましょう．

■ 服装と保護具のチェック

身だしなみは，安全作業の第一歩です．服装は乱れていないか．保護帽，安全帯，安全靴に不良がなく，正しく着用できているか作業前に確認しましょう．

■ 電気機械器具などの使用前点検

電動工具などの電気機械器具を使った作業では，常に感電の危険が伴います．電気機械器具を使用する前には，図に示すような「点検表」により必ず点検を行うことが重要です．

⬇ 顔色のチェック

⬇ 服装と保護具のチェック

- 保護帽を深くしっかりかぶる
- あご紐をきちんとしめる
- 安全帯はいつでも使用できるようにしておく
- 暑くても作業服の袖をまくらない
- 安全靴は足に合ったものを履く

⬇ 「電気機械器具等使用前点検表」の例

電気機械器具等使用前点検表	工事番号		工事件名							
	施工部署		点検期間　　年　　月							
	会社名		作業班名							
		月日	1	2	3	4	5	6	7	8
		曜日								
1 仮設電源用発電装置	No.									
2 電気ドリル	No.									
3 電動カッタ	No.									
4 電動ねじ切機	No.									
5 電動油圧圧着工具	No.									
6 電動油圧圧縮工具	No.									
7 電工ドラム	No.									
8	No.									
9	No.									
10	No.									
11	No.									
12	No.									
13	No.									
14	No.									
15	No.									
16	No.									
17	No.									
18	No.									
19	No.									

点検のポイント
- 外形に破損がないか
- 異常なく動作するか
- 接地線に異常はないか

① 感電防止のため，二重絶縁構造または接地極付きの工具を使用します．
② 電工ドラムは，接地極付き，漏電遮断器付きのものを使用しなければなりません．
③ 月に一度は電動工具の絶縁抵抗を測定します．

■ 高所作業車の使用前点検

墜落・転落災害は，建築現場で起こる労働災害の多くを占めています．高所作車を使用して高所作業を行う前には図に示すような「点検表」により必ず点検を行い，使用上の注意事項をよく守って安全に作業することが重要です．

⬆ 漏電遮断器付き電工ドラム

⬇「高所作業車等使用前点検表」の例

高所作業車使用前点検表	工事番号		工事件名					
	施工部署		点検期間					
	対象機器	バッテリー式高所作業車，エンジン式高所作業車						
点　検　対　象　項　目	月日	1	2	3	4	5	6	
	曜日							
[使用前]								
1 原動機装置，バッテリーの点検								
2 下部走行体（足まわりなど）の点検								
3 リフト装置の点検								
4 作業床装置（作業床・手すり）の点検								
5 安全装置など（警報など）の点検								
6 作動・動態状況の点検								
7								
8								
9								
10								
点　検　対　象　項　目								
(5m以上の足場の組立・解体・変更時) ※足場の組立て等作業主任者技能講習修了者が行うこと								
1 作業区域内の立入禁止措置は講じてあるか								
2 使用する器具，工具，安全帯，保護帽の機能及び材料は良いか								
3 使用する材料は良いか								
4 足場板，安全帯の着用等，作業員に対して墜落防止の措置は講じてあるか								
5								
点　検・確　認　者　欄								

点検のポイント
・外見に異常はないか
・異常なく使用できるか
・点検もれはないか

➡ 高所作業車の例
〔出典：アイチコーポレーション〕

4. TBMKY

■ TBM（ツール・ボックス・ミーティング）

TBMは，朝礼後の作業開始前に当日行う作業内容や段取りなどについて確認するために行います．

⬇ 作業開始前のミーティングが重要

TBMのポイント

① 作業開始前に当日行う作業の問題点を解決し，全員で確認します．
② 短時間で簡潔に手際よく行います．
③ 積極的に発言し，メンバー全員で意見を出し合うことが重要です．

> **MEMO** TBMは，職長を中心として，文字どおり工具箱（ツール・ボックス）に腰掛けて行うようなミーティングであることから，このように呼ばれるようになったといわれています．

コラム　1メートルは一命取る！

作業床の高さが2m以上で行う作業を高所作業といい，墜落を防止するための保護具の使用が義務づけられていますが，2mに満たない高さからでも落ち方によっては命を失うことがあります．むしろ，移動式足場などを使用した高さ1m程度での作業では，作業者が"昇った"という意識が薄くなりがちで，不注意による重大災害につながることも少なくありません．低い高さだからと甘く見ないで，細心の注意を払って作業することが大切です．

コラム　予定外作業は事故のもと

思いつきで行った予定外の作業が，思わぬ事故を引き起こすことがあります．安易な考えによる予定外作業は，絶対に行わないようにしましょう．

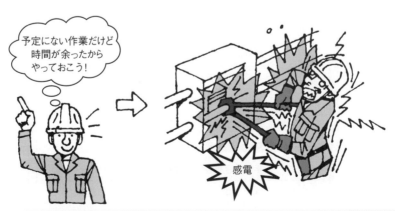

■ KY活動

　KYは，危険予知の頭文字を取ったもので，本日行う作業の中で考えられる危険を予測し，災害を未然に防止するための活動をKY活動といいます．

　KY活動は，リスクアセスメント手法によって図に示す手順により進めます．

⬇ KY活動の手順

| 危険要因の把握 | ・作業中にどんな危険要因が潜んでいるかを考えます．
・危険要因によって引き起こされる災害を想定します． |

KYボードに作業内容を書きます．

| 危険ポイントの絞り込み | ・予想される危険のうち重要なものを選んで，危険のポイントを絞り込みます． |

KYボードに危険のポイントを書きます．

| 対策の抽出 | ・実行可能な対策を考えます． |

KYボードに私達が実行することを書きます．

| 行動目標の決定 | ・私達が行うことの中でも，当日の作業で特に重点的に行う項目を本日の行動目標として決定します． |

足元注意ヨシ！

| 行動目標の唱和 | ・本日の行動目標を全員で声に出して確認します． |

⬇ KYボードの例

5月27日	危険予知活動表	
作業内容	3階床スラブ配管，インサート取付	
危険のポイント	鉄筋につまづき転倒する	
	端部，開口部から墜落する	
	インサート打込時に指を負傷する	
私達はこうする	足元に注意して作業する	
	端部，開口部付近では安全帯を使用する	
	手元に注意して作業する	
会社名　○○電気工事	リーダー名　△△	作業員　6名

3.3 現場での安全に関する催し

■ 送り出し教育
新しい現場に入場する前に，所属会社から現場で安全に仕事をするために必要となる基礎的な注意事項について教えてもらいます．

■ 新規入場者教育
新規入場日には「新規入場者教育」で主に次の項目を確認し，教えてもらいます．
① 工事概要
② 現場内の配置（建設建物，現場事務所，詰所，便所，通用門）
③ 入退場方法など現場でのルール
④ 安全通路
⑤ ISO 19001（品質管理），14001（廃棄物処理）

■ 安全朝礼
毎日，作業開始前に現場内で働く関係者全員が参加します．建設会社の安全当番から当日の危険箇所や指示伝達事項が発表されます．

◐ 現場朝礼
本日の作業内容，出面を大きな声で発表します．

■ 安全パトロール
現場内の事故や労働災害を未然に防ぐために，定期的に現場を巡視します．

安全パトロールのチェックポイントは「現場内に危険な施設，設備，機械はないか？」です．

■ 災害防止協議会（安全衛生協議会）
労働災害を防止するために，毎月1回以上元請会社の現場関係者と下請会社の経営者層が集まって，安全上の注意事項，業種間の連絡調整事項，施主や官公庁からの指示事項などについて話し合います．

■ 安全衛生大会
作業者の安全衛生意識を高めるために，個人表彰や安全講話などを行います．

◐ 安全衛生大会

コラム　ハインリッヒの法則とは

　アメリカの技師ハーバード・ウィリアム・ハインリッヒは，労働災害の発生確率について統計学的に調べ，1件の重大災害の背後には，29件の軽微な災害があり，さらにその背後には300件のヒヤリ・ハット体験（災害には至らなかったもののヒヤリとした体験，ハッとした体験）があるという法則を導き出しました．この1：29：300の法則を「ハインリッヒの法則」といいます．

　また，ハインリッヒは，災害の背景には幾千件もの不安全行動と不安全状態が存在しており，その中で予防可能なものは労働災害全体の98%を占めること，不安全行動は不安全状態の約9倍の頻度で出現していることを明らかにしています．

　重大災害を未然に防止するためには，過去のヒヤリ・ハット体験から学び，災害の芽を少しでも小さいうちに摘み取っておくことが大切です．

コラム　電気使用安全月間

　電気使用安全月間とは，昭和56年に通商産業省（現 経済産業省）の主唱のもと，感電死傷事故発生の最も多い8月を電気使用安全月間と定め，関係各団体において自主的に実施している安全運動を集中的に展開することにより，運動をより効果的なものとして広く国民の間に電気使用の安全に関する知識と理解を深め，もって電気事故の防止に資することとして，毎年各種取組みを実施しているものです．

経済産業省の取組み

　まず，電気保安功労者経済産業大臣表彰として，毎年度，電気保安の確保において，特に顕著な功績または功労があった企業等および個人を表彰し，8月最初の平日に表彰式を開催しています．また，電気保安功労者産業保安監督部長表彰として，7月～11月にかけて，各産業保安監督部において電気保安の確保において顕著な功績または功労があった企業等および個人を表彰しています．

　次に，産業保安監督部による普及・啓蒙として，関係団体と共催による講習会の開催，関係団体の講習会への後援，各種講演を行っています．

　そのほか，関係団体の取組みとして，日本電気協会，全日本電気工事業工業組合連合会，電気管理技術者協会，電気保安協会などが電気安全のいろいろな啓発活動を実施しています．

4章

電気工事士が知っておきたい関連法規

　電気工事士の仕事は，工事を手際よく進め，契約条件どおりの電気工作物を工期内に完成させることですが，技術的，法的に満足した安全で良質な設備を顧客に提供するためには，知っておかなければならない法規が数多くあります．

　電気設備に関連する法規を十分理解し，施工に生かしていくことは非常に重要ですが，多種広範囲にわたる法規をすべて理解し，使いこなすには大変な労力が必要です．

　電気工事士の資格は，施工現場での主任技術者としての資格要件となります．

　主任技術者として業務に従事する場合は，電気工事業法に定められた責任と自覚を持つことが重要となります．

　本章では，電気工事士が最低限知っておきたい関連法規を列記し，それぞれの法規の役割と概要について簡潔に述べています．

4.1 電気工事士が知っておきたい法規は？

1. 建築現場で仕事をするためには

ビルの建築現場で電気工事の仕事をするためには，建設業法に基づいた建設業の許可や，電気工事業法に基づいた電気工事業の登録等が必要です．

🔽 建設業の許可票と登録電気工事業者登録票

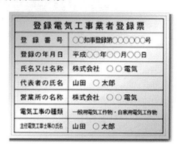

建設業法に基づく　　　　電気工事業法に基づく
建設業の許可　　　　　　電気工事業の登録

2. 信頼される電気設備を安全に施工するためには

受注した工事を安全に実施して，客先から信頼される電気設備を完成させるために，守らなければならないルールがあります．

⬇ 信頼される電気設備を施工するための手順

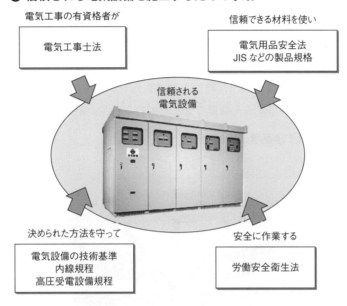

3. 工事が終わったときに

無事に工事が終わったら，法規に合っているかどうか，また客先が要求したとおりの工事になっているかどうかの検査を行います．

⬇ 電気工事の検査

4.2 電気工事関連法規の種類は？

1. 工事を適正に行わせるための法規

工事を適正に行わせるための法規に，建設業法や電気工事業法があります．

■ **建設業法**

建設業法 ──── 建設業法施行令 ──── 建設業法施行規則

建設業法では，建設業者の質の向上，建設工事の請負契約の適正化による適正な施工の確保，発注者の保護や建設業の健全な発達を促進させるためのルールが定められています．

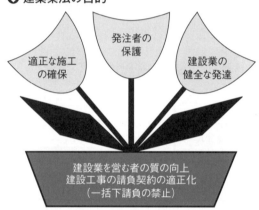

⬇ 建築業法の目的

■ **電気工事業法（正式な名称は，電気工事業の業務の適正化に関する法律）**

電気工事業法 ──── 電気工事業法施行令 ──── 電気工事業法施行規則

電気工事業法では，電気工事業者の業務の適正化により電気工作物の保安を確保するために，電気工事業を営む者の登録，業務に対する規制などのルールが定められています．

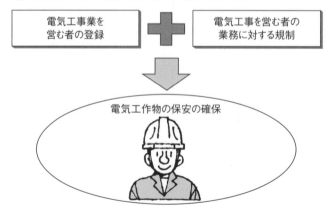

⬇ 電気工作物の安全を確保するためのしくみ

2. 欠陥工事を防止するための法規，規格

■ 電気工事士法

電気工事士法 ── 電気工事士法施行令 ── 電気工事士法施行規則

電気工事士法では，欠陥工事による災害を防止するために，電気工事の作業に従事する人の資格や義務について定めています．

⬇ 欠陥工事による災害を防止するしくみ

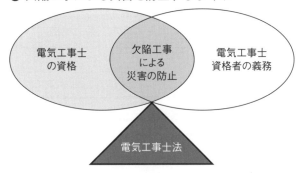

■ 電気用品安全法，JIS 規格などの製品規格

（1） 電気用品安全法

電気用品安全法 ── 電気用品安全法施行令 ── 電気用品安全法施行規則

電気用品安全法では，電気工事で使用する機器や材料の安全性を確保するために，電気用品の製造，販売などのルールを定めています．電気用品安全法で規制される電気用品には，特定電気用品と特定電気用品以外の電気用品があります．

⬇ 電気用品の表示

電気用品安全法（現行法）		電気用品取締法（旧法）	
特定電気用品 〈PS〉E	◇PS E ◇	甲種電気用品	▽T▽
特定電気用品以外の電気用品 （PS）E	○PS E○	乙種電気用品	〒

（注）法改正により 2007 年 12 月 21 日以降は，旧法の表示マークの製品も現行法の表示マークの製品と同等に扱われます．

> **MEMO**
> **特定電気用品**：電気用品安全法で指定されている構造または使用方法その他の状況からみて特に危険または障害の発生するおそれが多い電気用品（例：導体断面積 100 mm² 以下の絶縁電線（定格電圧 100 V 以上 600 V 以下），導体断面積が 22 mm² 以下のケーブル，スイッチ，コンセントなど）
> **特定電気用品以外の電気用品**：電気用品安全法で指定されている特定電気用品以外の電気用品（例：導体断面積 100 mm² 以下の蛍光灯電線・ネオン電線，導体断面積が 22 mm² を超え 100 mm² 以下のケーブル（定格電圧 100 V 以上 600 V 以下），リモートコントロールリレーなど）

（2） JIS規格などの製品規格

工業標準化法 ── 日本工業規格（JIS規格）

電気工事で使用する製品の規格には，JIS規格のほか，各製品のメーカー団体が定めた民間の規格があります．

民間の製品規格

電線・ケーブル……………日本電線工業会規格
スイッチ・コンセント類……日本配線システム工業会規格
照明器具類…………………日本照明工業会規格
盤　　類……………………日本配電制御システム工業会規格　　など

---

3. 検査の基準となる法規

工事が終わった後の官公庁による検査の基準となる法規に，消防法と建築基準法があります．法規は必要な機能を維持させるための決め事であり，それを確認するのが検査です．

■ 消防法

消防法 ── 消防法施行令 ── 消防法施行規則

消防検査では，消防法のルールをもとに，火災の予防，警戒，消火活動を行うための設備を検査します．

消防検査の対象となる主な設備

（1） 非常電源設備
　　　商用電源の停電時に，重要負荷に電源を供給するための設備
　　　・非常用発電機
　　　・蓄電池設備
　　　・非常電源専用受電設備
（2） 非常警報設備
　　　火災やガス漏れの発生を建物内の人々に知らせるための設備
　　　・自動火災報知設備
　　　・ガス漏れ火災警報設備
　　　・非常放送設備
（3） 誘導灯設備
　　　火災などの災害時に建物内の人々を容易に避難・誘導するための設備
　　　・誘導灯
　　　・誘導標識
（4） 消火活動上必要な設備
　　　火災時に有効に消火活動を行うための設備
　　　・非常コンセント設備
　　　・無線通信補助設備

■ 建築基準法

建築基準法 ── 建築基準法施行令 ── 建築基準法施行規則

建築主事検査では，建築基準法のルールをもとに建築物における防火・避難を行うための設備を検査します．

建築主事検査の対象となる主な設備
(1) 非常照明設備
　　地震や火災などの災害時に避難を容易にするために居室や廊下，階段などに設ける照明設備
　　　・電源別置形照明器具
　　　・電池内蔵形照明器具
(2) 防排煙設備
　　火災により発生した煙が急激に拡散するのを防ぐための設備
　　　・排煙機
　　　・排煙口
　　　・防煙垂れ壁
(3) 防火戸自動閉鎖設備
　　火災を感知し自動で防火戸を閉鎖する設備
(4) 防火区画貫通部の措置
　　配管やケーブルラック，金属ダクトなどが防火区画を貫通する部分の防火性能が低下しないように貫通開口部に施す措置
　　　・国土交通大臣認定工法による区画貫通部措置
(5) 雷保護設備
　　雷撃によって生じる火災や破損などを防止するために設ける設備
　　　・受雷部
　　　・水平導体
　　　・引下げ導体
　　　・接地極

4. 労働安全衛生法

労働安全衛生法 ── 労働安全衛生法施行令 ── 労働安全衛生法施行規則

労働安全衛生法では，労働災害を防止するためのルールが定められています．

⬇ 労働災害を防止するためのルール

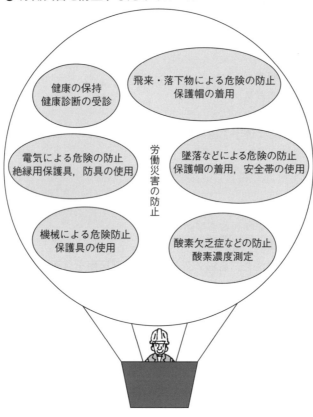

コラム 「労災かくし」は犯罪！

　労働災害により4日以上休業した場合は，労災保険の対象となり，事業者は「労働者死傷病報告」を遅滞なく提出することが義務づけられています．報告義務を怠ったり，嘘の報告をすると「労災かくし」と見なされ処罰の対象となりますので，作業中に負傷して休業が余儀なくされそうな場合は，すぐに申し出て必要な手続きを行うことが重要です．

4.3 電気事業法と関連する法規を知ろう

1. 電気事業法の概要

電気事業法 ── 電気事業法施行令 ── 電気事業法施行規則

電気事業法では，公共の安全を確保するために，電気工作物を工事，維持・運用するためのルールを定めています．

■ 電気工作物の種類

電気工作物には，一般用電気工作物と事業用電気工作物があります．事業用電気工作物はさらに，自家用電気工作物と電気事業用電気工作物に分けられます．

⬇ 電気工作物の種類

一般用電気工作物	事業用電気工作物	
	自家用電気工作物	電気事業用電気工作物
・低圧で受電している一般の住宅 ・小規模な店舗，事業所の電気設備	・高圧，特別高圧で受電しているビルや工場の電気設備	・電力会社などが保有する電気事業用の電気設備

■ 技術基準適合義務

電気事業法では，電気設備の保安上必要な性能を記した基準として，電気設備に関する技術基準を定める省令（通称，電気設備技術基準）を定めています．電気工作物の所有者または占有者は，電気設備が技術基準に適合するように義務づけられています．

コラム　自家用電気工作物の定義

電気事業法と電気工事士法では「自家用電気工作物」の定義が少し異なります．

	電気事業法第38条第4項	電気工事士法第2条第2項
法　令	一般送配電事業，送電事業，特定送配電事業または発電事業（主務省令で定める要件に該当するもの）の用に供する電気工作物及び一般用電気工作物以外の電気工作物をいう．	電気事業法第38条第4項に規定する自家用電気工作物（発電所，変電所，最大電力500キロワット以上の需要設備（省略）その他の経済産業省令で定めるものを除く）をいう．
広義な解釈	電力会社などの電気事業用に使用する電気工作物と一般用電気工作物以外の工作物は最大電力に関係なく「自家用電気工作物」です．	電気事業法で定義された「自家用電気工作物」であって，最大電力が500キロワット未満の自家用電気工作物のことです．

2. 電気設備の技術基準の解釈，内線規程

■ 電気設備の技術基準の解釈

電気設備の技術基準の解釈は，電気設備に関する技術基準を定める省令（電気設備の技術基準）に書かれた技術的要件を満たすために使用する資機材，施工方法などについて具体的に書き記した解説書です．

⬇ 電気設備の技術基準と電気設備の技術基準の解釈の関係

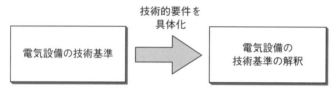

■ 内線規程

内線規程は，電気設備の技術基準の解釈に書かれた内容をより具体化し，屋内配線工事の設計，施工，維持，検査に必要となる技術的事項が細部にわたって書かれた民間規程です．

⬇ 電気設備の技術基準の解釈と内線規定の関係

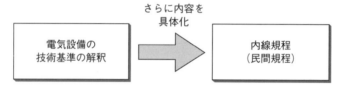

■ 高圧受電設備規程

高圧受電設備規程は，電気設備の技術基準の解釈に書かれた内容をより具体化し，高圧受電設備の設計，施工，維持，検査に必要となる技術的事項が細部にわたって書かれた民間規程です．

⬇ 電気設備の技術基準の解釈と高圧受電設備規定の関係

5章

現場で使用する機器・材料・工具・試験器具

　現場で取り付ける機器や扱う材料，使用する作業用の工具，そして設備の機能を確認するための試験器具（以下，総称して「電設機材」という）を理解することは重要なことです．しかし，それぞれ種類も多く，新人の電気工事士にとっては案外厄介なことでしょう．

　一方，電気設備工事に従事するうえでこれらの電設機材の特徴をよく理解し，かつ試験器具を使用して設備の機能を確認することは，工事をより効率的に進めることができるとともに工事の品質を確保することにもなります．また，これらの電設機材の取扱いを誤ると重大な災害をもたらすことになりかねないことも十分理解する必要があります．さらに，毎年新製品が出されており，特に材料は継続的に情報を入手することも大切なことです．

5.1 電気工事で使う電設機材を知ろう

　図に事務所ビル建築の工程のなかで，着工時期から中間時期そして竣工時期までの電気工事でよく扱う電設機材を取り上げてみました．

　新人の電気工事士にとって，電気工事の工程に沿って作業ごとの電設機材をより多く扱っていくことが，技術・技能の向上につながります．

⬇ **電気工事の工程で扱う電設機材**

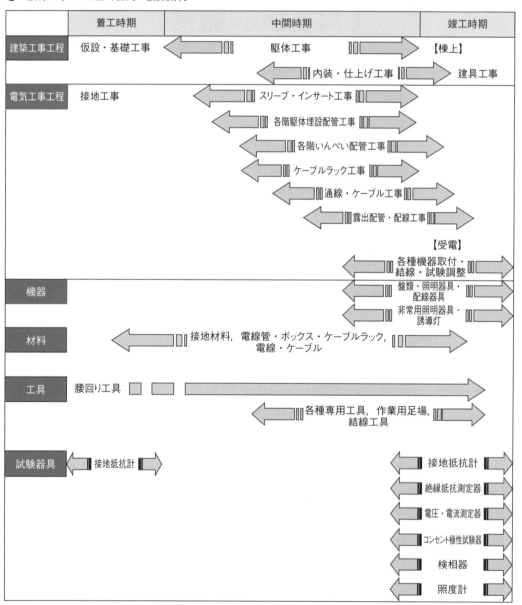

この工程表から，一般的に工事の中間時期から竣工時期にかけては作業が加速度的に集中することがわかると思います．したがって，この時期は扱う電設機材も多種多様なものが重なります．
　さて，後ほど各節でそれぞれの項目について解説しますが，新人の電気工事士が扱う電設機材は限られてくるものです．
　機器では，照明器具や配線器具の取付けが多いはずです．これらは，単独で作業する場合もありますが，器具の種類によっては先輩と二人で組んで作業する場合も多いはずです．特に，照明器具は天井面に取り付けることが多いので，足場を使用しての作業は効率的にも安全面でも単独作業は好ましくありません．また，材料に関しては，新人の電気工事士といえども非常に多くの材料を扱うことになります．したがって，できるだけ多くの種類の材料の名前，その用途そして取扱い方法をより早く身体で覚えることが大切です．材料を征することが有能な電気工事士の証といっても言いすぎではありません．
　さらに，工具については，新人の電気工事士はまず腰まわりの工具を使いこなせればかなりの作業が可能です．便利な電動工具や材料とも関連する工具もあり，やはり材料の扱いと並行して技能の熟練度は高くなるものです．また，試験器具については，新人の電気工事士が扱うものはかなり限られてくるでしょう．電気工事士の資格取得試験で学習したことを考慮しても，さほど多くの試験器具を扱うことはないはずです．しかし，試験は電気工事に息を吹き込む前の非常に大事なステップですので必ず確認しなければなりません．
　また，工事の中間時期から竣工時期にかけての時期は，前述しましたが各種作業と試験が重なるうえに，他の職種の作業とも輻輳するものであり，その状況は言葉では言い表せないほどです．先輩といえども緊張と困惑した作業の日々が続くものです．しかし，機器，材料，工具あるいは応援の電気工事士の手配と作業指示を適切に行い，試験器具でその機能を確認できたときほど感動するときはないはずです．同時に電気工事士としての誇りを感じるに違いありません．そして，さらなるステップアップへの向上心が生まれてくるでしょう．

> **コラム　蛍光灯とLEDの照明**
>
> **蛍光灯**
> 　1856年ドイツのガラス工，後に物理学者のハインリッヒ・ガイスラーが作ったガイスラー管が蛍光灯の起源と考えられています．低圧の気体を封入したガラス管に2個の電極を入れ，その電極間に高電圧を加えると放電により気体が発光しました．その後，1926年ドイツのエトムント・ゲルマーのグループが管内の圧力を上げ，蛍光粉末で覆うことにより，紫外線を均一な白い光として発光させました．このことで，ゲルマーが蛍光灯の発明者と認められています．
>
> **LED照明**
> 　LED照明が脚光を浴びていますが，現在の白色発光ダイオードの主流は，疑似白色発光ダイオードです．視感度の高い波長の黄色に発光する蛍光体と青色発光ダイオードとを組み合わせることによって，白色発光ダイオードを実現しています．点灯していないときにLEDの発光部分を見てみると黄色く見えるのはこのためです．

5.2 機器の種類と使い方を知ろう

1. 事務所ビルで取り付ける機器

　近年，電気設備工事における機器は，地球環境保護の観点から省エネルギー対策を考慮した高効率の機器が開発・採用されています．また，再生可能なリサイクル材料を使用した機器が開発されています．さらに，石油代替エネルギーの観点から新エネルギーの導入が促進され，新電源を利用した機器も開発・採用されてきています．

　一方，急速に進展している高度情報化社会にあって，電源を供給する機器の高い信頼性が要求されており，同様に防災性や保守性もこれまで以上に重要視されています．また，現場での作業の省施工・省力化に対応した機器も以前にも増して開発されており，電気工事士の熟練の度合いに施工が左右されなくなってきている傾向にあります．

　さて，事務所ビルに限らず電気設備工事の工程のなかで，機器はほとんどの場合，中間時期後半から竣工時期にかけて取り付けることが多く，現場に納入される時期（納期）は工程上非常に重要です．

　事務所ビルに取り付ける各種機器には，一般に次のようなものがあります．

① 　受変電設備の盤および受変電設備用機器
② 　予備電源設備用機器
③ 　ビル管理用中央監視制御設備機器
④ 　分電盤・動力制御盤
⑤ 　照明器具（非常用照明器具および誘導灯を含む）
⑥ 　情報通信設備用機器
⑦ 　防災・防犯設備用機器
⑧ 　避雷設備用機器
⑨ 　航空障害灯設備用機器
⑩ 　配線器具（機器からは除外する場合もある）

　これらの機器には重量物も多く，電気工事士が単独で作業することが困難な場合があり，搬入および据付けには専門の搬入業者が行うことが多いものです．また，技術的な観点からも製造会社（メーカー）とかかわりのある電設機材の代理店などの専門業者が取り扱うものも少なくありません．

　本節では，電気工事士が取付けを行う機器について解説します．

2. 盤類

■ 受変電設備の盤

事務所ビルの受変電設備は，最近はほとんどがキュービクル式高圧受変電設備です．特に，受変電設備用機器の遮断器・変圧器・進相コンデンサなどが小さくなってきたことからも，設置に必要な面積や高さなど設置スペースが少なくなってきています．また，保守・点検が容易で安全性が高いなどの特長があり，建築物の屋内および屋外にも設置されています．

キュービクル式高圧受変電設備は，JIS（日本工業規格）で規格化されており，小規模なものは汎用品も用意されていますが，一般的には「機器製作図」に基づいて製作されます．

⬇ 屋内キュービクル式高圧受変電設備の盤（列盤）の例

■ 分電盤・動力制御盤

分電盤と動力制御盤の電源は受変電設備の低圧配電盤から幹線によって供給され，これらの盤から照明器具，コンセント，ポンプ，ファンなどの負荷に供給されます．

⬇ 電灯分電盤の例

⬇ 動力制御盤の例

3. 照明器具・配線器具

■ 照明器具

事務所ビルの一般用照明器具は，事務作業スペースの居室では，従来から蛍光灯直管を光源とする照明器具が多く採用されていますが，最近はLED照明の採用が主流となっています．

そのほかに，小部屋まわりでコンパクト蛍光管を光源とする天井内に埋め込むタイプのダウンライトなどが採用されていますが，LEDダウンライトも多くなってきています．

⬇ 照明器具の例（LED照明）

① LED照明器具

② LED電球形ランプ

■ 配線器具

事務所ビルでは，一般的なスイッチやコンセント，電話やテレビの受け口なども使用されますが，居室の多数の照明器具をさまざまなグループあるいはパターンごとに照明制御を遠隔で可能にするリモコンスイッチが多用されています．また，トイレなどで人を感知して照明点滅機能を持つ人感センサ付スイッチや，二重床（OAフロア）に収納するコンセントと床上に引き出しされるコンセント（OAタップ）などが使用されます．

⬇ 配線器具の例

① リモコンスイッチ

② 人感センサ付スイッチ

③ OAフロアコンセント

④ OAタップ

4. その他の機器

前項の一般用照明器具のほかに，停電時や火災発生時の防災用照明器具として非常照明器具や誘導灯があります．これらの機器の取付けは，防災設備としての設置基準がありますので，取付けの際は十分に注意することが必要です．

■ 非常用照明器具

建築基準法で規定されており，停電時にビル内にいる人を避難させるために一定の照度を確保する目的で設置されます．

⬇ 非常用照明器具の例

① 白熱灯器具

② 蛍光灯器具

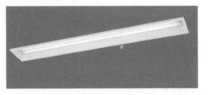

■ 誘導灯

消防法で規定されており，火災などの停電時にビル内にいる人を安全かつ迅速に避難誘導させるための目的で設置されます．かつては蛍光灯器具が多く採用されてきましたが，今後は，LEDランプを搭載したLED誘導灯の採用が主流となります．

➡ 高輝度誘導灯の例

コラム　LED照明

LED（Light Emitting Diode）は発光ダイオードと呼ばれる半導体で電流を流すと光る性質を持ち，白熱灯・放電管に続く第3世代の照明として普及してきています．

LEDの特徴は以下のような特徴があります．

① 消費電力が少ない．
② 寿命が長い（約40000時間）．
③ 輝度が高く視認性が良い．
④ 熱線，紫外線をほとんど含まない．
⑤ 小型で軽量．

5.3 材料の種類と使い方を知ろう

1. 事務所ビルで扱う材料

電気工事で扱う一般的な材料の区分を図に示します．

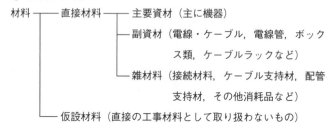
● 材料の区分

前節では，配線器具を機器として解説しましたが，材料としての区分では副資材として扱うのが一般的です．ここでは，副資材と雑材料について解説します．

材料のなかには，現場に合わせて特別に製作するもの（特注品）も多く，特に工程の進捗とその時々の作業量を十分に勘案して，早すぎることなく遅すぎることもなく，また過不足なく計画的に手配する必要があります．

これらの材料は，電気工事にかかわるそれぞれの責任者がメーカーやその電設資材代理店に手配することになりますが，現場に納入される場合，「現場の軒先渡し」といって現場構内の所定の場所に運び込まれることが一般的です．したがって，その場所で荷さばきが行われ，その時点で引渡しが行われることになるので，受け入れの準備も必要です．また，そのあと速やかに所定の場所に機材を移動して次の作業の準備をすることが，効率的な作業につながることになります．

新人の電気工事士にとって，このような多くの機材を作業前の段取りとして携わっていく機会は比較的多く，そのために使用する重機や道具などを機材に合わせて有効に取り扱うことも経験を通して学ぶ必要があります．

さらに，搬入した機材を作業するまでの間，一時保管して紛失や破損などを防ぎ，必要な場合は施錠や養生することも肝心なことです．

また，機材の梱包材や作業後に残った材料の適切な処理（倉入れ）や廃棄（産業廃棄物）は環境管理上，重要な仕事となっています．

2. 電線・ケーブル

■ 電　線

電線は，電力の分配や供給用の強電線と情報の通信や処理用の弱電線に分類されます．最近は地球環境保護の観点から絶縁被覆を焼却する際に有害物質を出さない，また再利用する目的で分別回収可能な電線（EM（エコマテリアル）電線）の使用が拡大する傾向にあります．

■ ケーブル

ケーブルも電線同様，EM ケーブルの傾向であり，その例を図に示します．

◉ EM ケーブルの例

← EM-UTP 耐燃性ポリオレフィンシース LAN 用ツイストペアケーブル

← EM-FCPEE 着色識別ポリエチレン絶縁耐燃性ポリエチレンシースケーブル

3. 電線管・ケーブルラック

■ 電線管

電線を保護する目的で使用される電線管には，金属管や合成樹脂管などがあります．

金属管は施設場所の制限がほとんどありません．CD 管，PF 管は合成樹脂管の一種で，可とう性があります．CD 管はコンクリート内に埋め込んで使用します．また，PF 管は，電線路として土の中に埋め込むことはできませんが，その他については金属管と同じように使用できます．

◉ 電線管とその付属品の例

① CD 管

② PF 管

③ 鋼製電線管

■ ケーブルラック

ケーブルラックは，多数のケーブルを布設する場合に使用されます．事務所ビルでも強電および弱電ケーブルの幹線を布設する場合には金属管よりも多く採用されます．鋼製が一般的ですが，合成樹脂製やアルミニウム製もあります．

🔽 鋼製ラックとその付属品

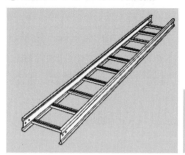

4. その他の材料

新人，熟練を問わず電気工事士が電線・ケーブルを接続することは有資格者の特権であり，また責任でもあります．各種の接続方法があり，それに適した接続材料を選定し，その方法に適合する工具を用いて電気的にも機械的にも確実に接続する必要があります．接続不良による温度上昇は火災の原因です．

また，ケーブルを建築の造営材に確実に支持することも危険および障害の発生を防止するうえでも重要なことです．ここでは，代表的な接続材料とケーブル支持材を取り上げます．

■ 接続材料とケーブル支持材

図に代表的な接続材料とケーブル支持材の例を示します．

🔽 代表的な接続材料の例

🔽 代表的なケーブル支持材の例

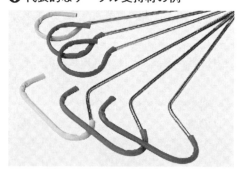

> **MEMO** 電気設備工事では機器を取り付けるという重要な仕事があります．地震に対しての対策も重要な要素で，そのとき参考にするのが「建築設備耐震設計・施工指針」です．固定ボルトの選定や，施工の方法を示してくれます．

5.4 工具の種類と使い方を知ろう

1. 事務所ビルで使用する工具

　電気工事士の腰まわりの携帯工具（電工の腰道具）は，着工時期から竣工時期までほとんどの作業で使用します．また，工事も中間時期に入ってくると，鋼製電線管をはじめ金属製材料を切断する電動カッタやジグソー，切断部を研磨する研磨工具を使用することになります．

　これらの作業では，発生する粉じんから自身の目を保護する保護具と火花による火災やほかの材料への飛散を防止する防具も必要です．

　鋼製電線管を折り曲げ加工するためには，サイズに応じたパイプベンダ（折り曲げ）やねじ切り工具が必要です．プルボックスなどの鋼材や建築材などの穴あけには，穴のサイズに応じたドリルやホールソーを使用します．

　以上の工具には，手作業だけの手動工具だけでなく電動式（コードレスの充電式もある）や油圧式，また両方併用もあります．

　電線やケーブルを扱う作業になってくると，空配管内に予備線，電線を入線する際には通線ワイヤを，ケーブルラックに幹線ケーブルなどを布設する際には種々のケーブル延線補助工具を使用します．延線補助工具には，ロープとよりもどし金具（ケーブルのねじれ防止）のほかに延線機（電動式ウィンチ）やローラ，ケーブルドラム（糸巻きのようにケーブルを巻くもの）を支持する油圧式ドラムジャッキがあります．

　太いサイズの電線やケーブルの切断であれば，サイズに応じたケーブルカッタを使用します．

　電線の接続には圧着あるいは圧縮工具などサイズに応じた接続工具があります．

　機器を取り付ける中間時期の後半や竣工時期になると，天井の墨出し器や機器の水平を測定する水平器があります．また，壁裏の見えない箇所の材料が金属かどうか，あるいは電圧のある物体かどうかを探知する電子式の探知器など特殊な工具もあります．

　さらに，事務所ビルは一部を除き階の高さは一般的にそれほど高くありませんが，手のとどかない高い場所での作業用補助具として作業用足場があります．作業用足場は，建築工事だけでなく設備工事でも必要であり，作業工程に沿った共通の足場が用意されることが多くなっています．しかし，電気工事専用の単独の足場も工程や場所によっては必要であり，高所や屋外での作業では高所作業車なども必要になっています．

　また，電気工事士が使用する保安帽は，頭の上から落下してくるものや転倒・墜落時の保護と感電防止を考慮したものを着用する必要があります．このほかにも電気工事では，受電時の試験や受電後に使用する各種の防具や保護具があります．

　本節では，これらの工具の一部（防具・保護具・標識）を紹介しますが，使用方法などは工具の「取扱説明書」を十分に理解し日頃から点検を行い，先輩の指導を受けながら使い慣れることが肝心です．また，作業によっては，専門の教育や講習を受ける必要な場合もあります．

2. 各種工具

■ 多機能工具

図に充電油圧式の多機能工具の例を示します．種々のアタッチメントを交換することにより次の作業が可能です．

① 裸圧着端子・スリーブの圧着，および裸圧縮端子・スリーブの圧縮
② Ｔ型コネクタの圧縮
③ 金属板（プルボックスなど）および金属製線ぴ（レースウェイなど）の穴あけ
④ 全ネジボルト，鉄筋および金属製線ぴの切断
⑤ 電線およびケーブルの切断

⬇ 充電油圧式多機能工具の例

■ ケーブルラック延線補助工具

図にケーブルラック延線補助工具の例を示します．

⬇ ケーブルラック延線補助工具の例

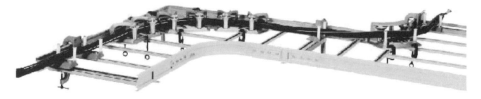

> **コラム** ニッパー
>
> ニッパー（nipper）とは針金，電線などを切断するための工具の一つで，ニッパともいいます．英語の nip（挟みきる）が語源といわれています．

3. 作業用補助具

■ 脚立・立馬

脚立や立馬は，主に足場を組むことが困難な場所やEPSなどの狭い場所で使用します．軽量で便利なために非常によく使用されますが，使い方次第では転倒事故のおそれもあり，使用方法には制限や規制があります．

高さ2m以上の場所で作業をすることを**高所作業**といい，作業をするための作業床を設置し，てすりなどを設けて作業することが基本です．

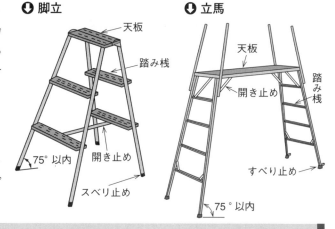

↓ 脚立　　↓ 立馬

4. 防具・保護具・標識

■ 防具

図に，電気室の配電盤前に敷く耐電用のシートや充電部に近接して作業する場合に使用するシートなどの防具の例を示します．

↓ 防具の例

① 高圧プラスチックシート　　② 耐圧ゴムシート

■ 保護具

建設現場においては，いろいろな作業やいろいろな環境の場所があります．自分の身を守るため，**安全帽，安全靴，墜落制止用器具（安全帯）**は常に着用します．

活線作業や活線近接作業のときは，図のような感電防止をする保護具を使います．

↓ 保護具の例（電気用ゴム手袋）

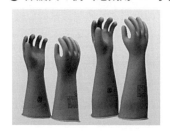

■ 標識

標識は，材料としてのもの（例えば高圧ケーブルの電路に貼り付ける「高電圧注意」）もありますが，受電後充電した電灯分電盤や動力制御盤の扉面に繰り返し（マグネットシート）貼り付けることができる標識があります．

→ 標識の例

5.5 試験器具の種類と使い方を知ろう

1. 事務所ビルで使用する試験器具

　試験器具（試験器および測定器）については，試験や測定の目的に応じて多くの種類があり，事務所ビルだけには限りません．以下に，電気工事で使う試験器具について，工程の流れに沿って解説します．

　まず，工事の着工時期には接地工事があり，接地抵抗計で接地極の接地抵抗値を測定することになります．それ以外は，ほとんど竣工時期に各種の機能試験や測定を実施して記録する必要があります（114 頁の工程表の図を参照）．

　受電時には，受変電設備の高圧機器や高電圧ケーブルなどの絶縁抵抗を測定するために高電圧用の絶縁抵抗計を使用します．同様に，絶縁耐力を試験・測定する耐圧試験器，各種継電器の動作試験用の継電器試験器などがありますが，新人の電気工事士が扱うことはほとんどありません．なお，この時点でも接地抵抗計で接地抵抗値を再度測定します．

　受電後は高圧受電電力の相回転を確認するために，高電圧用三相検相器を使用します．さらに，各電灯分電盤や動力制御盤に送電する前に，低電圧の電線，ケーブルおよび接続された電気機器の絶縁抵抗を測定するために低電圧用の絶縁抵抗計を使用します．絶縁抵抗値が規定値内であれば初めて充電され，各回路の電圧（例えば 100 V か 200 V か）を測定・確認することになります．

　電圧の測定には，電圧計または回路計（テスタ）を使用します．各回路の電流を測定するためには電流計（クランプメータ）を使用しますが，テスタ機能を持つものも多くあります．万一発生した漏れ電流を測定するには，漏れ電流計（クランプリーカ）を使用します．また，電線，ケーブルおよび接続された電気機器の電圧の有無を確認するための検電器（高電圧用と低電圧用）があります．

　コンセントの極性配線や接地の有無を確認するにはコンセントチェッカを使用します．また，三相電源の相（モータなどの回転方向で正相か逆相か）を確認するための低電圧用三相検相器があります．そのほかに，照明設備の照度を測定する照度計があります．

　非常用発電設備などを設置した場合には，運転時の騒音を測定するには騒音計を使用します．

　以上の試験器具には，従来からアナログ式が多用されてきましたが，近年はコンパクトなデジタル式も使用されています．

　最後に，これらの試験器具は，器具自体が正確に作動するかを定期的に校正することも非常に重要なことです．

　さて，これらの試験器具の中で，新人の電気工事士としては，低電圧用の絶縁抵抗計，テスタ，コンセントチェッカなどは使用する機会が多いものです．このため，工具と同様に使用方法などは「取扱説明書」を十分に理解し，日頃から点検を行い，場合によっては先輩の指導を受けながら慣れることが肝心です．

5.5 ◆ 試験器具の種類と使い方を知ろう

2. 接地抵抗計・絶縁抵抗計

■ 接地抵抗計
図にデジタル接地抵抗計の例を示します．

🔽 デジタル接地抵抗計の例

■ 絶縁抵抗計
図に低電圧の絶縁抵抗計の例を示します．

🔽 デジタル絶縁抵抗計の例

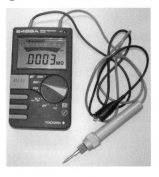

🔽 低電圧のアナログ絶縁抵抗計の例

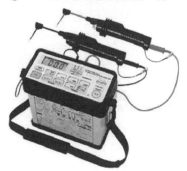

- 指示計零位調整器
- MΩ測定スイッチレバー
- ライン側測定端子・電圧測定端子
- ファンクションスイッチつまみ
- 接地側測定端子・電圧測定端子

■ 多機能測定器
図に1台で絶縁抵抗・接地抵抗の両方を測定できるデジタル多機能測定器の例を示します．

🔽 デジタル多機能測定器の例

3. 電圧・電流計

電圧計・電流計の機能を含んだデジタル式のマルチメータの例を示します．

➡ デジタルマルチメータの例

第5章 現場で使用する機器・材料・工具・試験器具

127

4. その他の試験器具

■ 検電器

図に低電圧および高電圧の検電器の例を示します．

↓ 低電圧および高電圧の検電器の例

① 低圧検電器　　② 高圧検電器

■ コンセント配線のチェック試験器

図にコンセントチェッカと，充電前にコンセントの配線および極性をチェックすることができる試験器具の例を示します．

↓ コンセント配線のチェック試験器の例

① コンセントチェッカ　　② 配線回路チェッカ

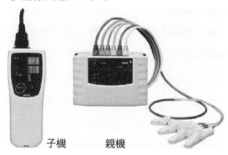

子機　　親機

■ 照度計

図に非常照明設備の低照度から一般照明設備までの幅広い測定範囲を持つ照度計の例を示します．

↓ 照度計の例

6章

ビル建築に必要な専門工事業

　建築工事の特色は，異なる会社（業者）が契約に基づいて集まり，共同で建物を完成させることです．そして，特殊な場合を除いて全く同じ現場はないので，現場ごとに運営（契約・管理）の方法は違って，発注者や工事を行う企業によりさまざまな形があります．しかし，契約から監理・管理・工事を経て完成までの手順や，編成される組織などの「工事のしくみ」に大差はありません．

　ここでは，工事の基本的なしくみである契約形態と，現場の運営に必要な組織の構成を解説して，建築工事と設備工事の代表的な業種を紹介します．国内工事では，契約書より従来からの慣行が優先することも少なくありませんが，より効率的な現場運営のためにもお互いの責任範囲をはっきりさせ，契約したことを確実に守ることが必要です．電気工事士の本来の役割は，安全で良質な作業をすることですが，工事が成り立つしくみを知っておき，そのルールに従って社会的な義務を果たすことも必要なことです．

6.1 建設工事業のしくみを知ろう

　工事現場に出て仕事をする前に，その工事の基本になる契約をしなければなりません．この節では，契約の形態と，現場を管理するために必要な組織の構成を解説します．現場は異なる会社（業者）の集合体ですから，現場全体の指示命令系統や責任の所在をはっきりさせるために，工事契約の締結は現場運営の基礎といえます．そして，契約書に記載してある内容は法的に制約する力があり，各会社（業者）の責任と権限を明確にしています．

1. 工事契約のしくみ

　工事着手する前に必ず行わなければならない業務が**工事代金の見積り**，**工事契約**です．事業主から提示される計画仕様書（一般的に設計図といいます）により見積り金額を算出し，それを基に価格交渉を行い，工事の契約金額を決定します．工事規模・工事期間・工事の種類などさまざまな状況判断によって，その交渉手法や過程は異なりますので，次にそれらの概要を説明します．そして同じことでも見方によって，工事発注者と工事請負者の立場で表現方法が変わります．

● 請負契約の締結

6.1 ◆ 建築工事業のしくみを知ろう

（1）工事業者の決まり方

■ 競争入札

特　徴
1. 公共工事に多い（民間工事でも採用）
2. 複数の工事業者が公の場で同時に入札
3. 最低価格提示者に決定
4. インターネット入札も普及
5. 広く工事業者を募り公平性が目的

● 入札手順

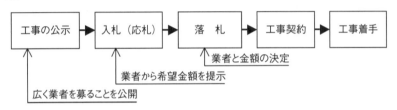

● 競争入札のイメージ

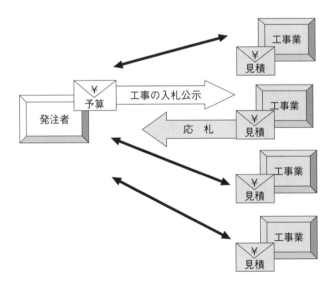

MEMO
・一般競争入札：発注者は一般に広く請負業者を募集
・指名競争入札：発注者は特定の業者を複数指名して募集

6章 ビル建築に必要な専門工事業

■ 見積り随意契約

特　徴
1. 民間工事や改修工事に多い
2. 個別交渉が多い
3. 金額だけではなく仕様の交渉もある
4. 工法を提案できる
5. 交渉過程が不明朗

● 随意契約の手順

● 随意契約のイメージ

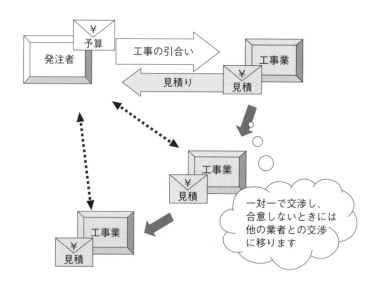

> **MEMO** 価格交渉のことを「ネゴをする」といい，当て字に「値合」とか「値交」を使うことがありますが，本当の意味は Negotiation（ネゴシエイション）:（交渉）の省略語のことです．

(2) 工事請負のしくみ

■ 法的呼称

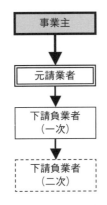

* 建設業法や労働安全衛生法での表現の仕方
* 事業主から直接請負う業者が「元請業者」
* 各立場により法的に義務・責任がある
* 元請業者からの再発注を「下請け」といい下請負いする業者を「下請負業者」という
* 下請負いが重層して連続することを「再下請」・「重層下請」といい、順に「一次下請け」「二次下請け」という

■ 総合発注

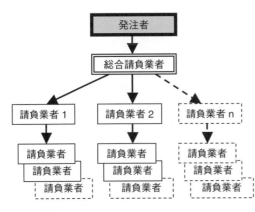

* 発注者から代表業者が工事を一括して「総合請負」する
* 総合請負業者は専門業者に下請け発注する
* 小中規模の工事に適用されることが多い
* 「発注者」「注文主」「請負業者」は取引用語

（「発注」と「受注」は表裏の表現）

■ 分離発注

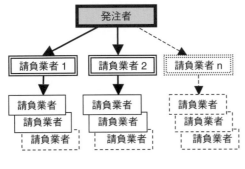

* 発注者から複数の業者が請負い、それぞれ再発注する
* 比較的大規模な工事や特殊な工事に適用されることが多い
* 「総合」に対して「分離」という「分割」とは異なる
* 業種の限定はない

MEMO 業種や職業に上下意識を持たない配慮により、下請負業者のことを**協力業者**と呼びます．

■ 単独発注

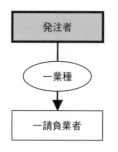

＊一業種に対して一業者と契約
＊小中規模の工事に多い

■ 分割発注

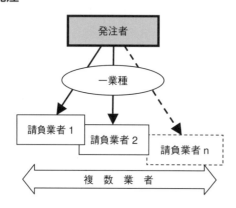

＊一業種に対して複数業者と契約
＊大型工事に適用
＊専門知識が必要な工事に適用

■ 共同企業体発注

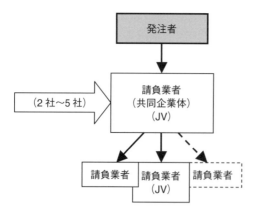

＊複数の請負業者が特定工事に限定して特定組織を編成し契約する
＊特定組織を「共同企業体」とか「特定事業企業体」と呼ぶ
＊公共工事・大型工事・特殊工事に多い
＊受注機会の拡大や技術力の普及がねらい

> **MEMO** 共同企業体は Joint Venture（ジョイントベンチャー）の頭文字をとって **JV** ともいいます。

2. 工事監理のしくみ

　工事請負契約が交わされると着工することになりますが，事業主である建築主は，建築関係の法律・品質管理・外観のデザイン・施工に関して専門知識を持っていないのが一般的です．そこで，建築を計画するときには基本構想を基に基本計画を立て，設計図などの仕様書を作成するために，専門知識を有する設計者を選定します．自社内に設計・監理部門を持つ企業もありますが，一般的な事業主は外部に設計業務を委託し，工事着手後は建築主の代理として監理者を選任し工事を監理します．厳密には設計者と監理者は異なりますが，総称して**設計監理**と呼び，このような業務を担当するのが**設計事務所**です．工事請負業者が設計監理も一括して受注することを**設計施工一貫型受注**といいます．

⬇ 工事監理のしくみ

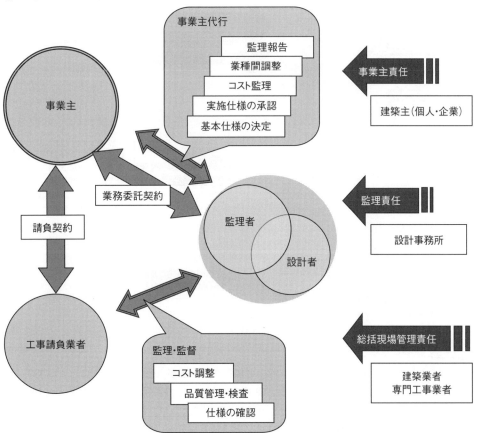

> **MEMO**　電気工事士資格以外にも現場管理のために数多くの資格があります．監理技術者に選任されるために**施工管理技士**の資格を取得することをお勧めします．

3. 現場管理のしくみ

　元請工事業者は，工事の一部を下請工事業者に請負させる（再下請負）場合においても，自社施工部分とともに総括安全衛生管理の責務を負います．また，工事現場における建設工事を適正に実施するため，当該建設工事の施工計画の作成，工程管理，品質管理その他の技術上の管理及び当該建設工事の施工に従事する者の技術上の指導監督の職務を誠実に行うため，主任技術者または監理技術者を配置することが建設業法により義務付けられています．

⬇ 現場管理のしくみ

コラム ● 監理と管理

　それぞれ「サラカン」「タケカン（クダカン）」と俗称されますが，その違いは次のとおりです．国語辞典的な解釈とは微妙に異なりますが，建設業界ではふつうこのような意味合いを持って使います．

監理：「監」文字に皿（サラ）があることで「サラカンのカンリ」と呼びます．人の上に立って皆を見張ったり取り締まったり指図することを表しますが，計画や施工などの結果について良否の判断を行い，是正の指示などを行います．

管理：「管」文字に竹冠がつくことで「タケカンのカンリ」と呼びます．全体に気を配って取り仕切り，良い状態を維持したりすることを表しますが，現場の状況を総合判断し，計画の立案をし，良質で安全な工事遂行のために事前に予防処置することです．すなわち，施工前の計画と実施工事が整合するよう事前に予防処置をすることをいいます．

4. 安全管理のしくみ

　安全に関しては 3 章に詳しく記述されています．安全管理は，人命にかかわることですから，コストや品質などの企業事情に左右されない，何物にも代えられないものです．そのために独立した法（労働安全衛生法）を整備して，労働者を守るためのしくみができています．しかし，法に守られるだけではなく労働者も自らの体は自らで守る安全意識をしっかりと身につけ，自衛することも必要です．怪我をした後で悔やんでも元には戻りません．作業前に「危険予知」を行い，事前に危険を察知し，予知し，対策を立て実行することが安全確保の基本です．また，法的に請負業者の責任と権限を定めてあり，工事規模や契約形態によって責任者を選任しなければなりません．

コラム　労働安全衛生法関連資格

　労働安全衛生法の目的として職場における労働者の安全と健康を確保するとともに，快適な職場環境の形成を促進することとなっています．現場においても「安全第一」を掲げて，全員が怪我をしない，させないということで仕事をしています．これを実現していくひとつの道具として，下記のような数々の資格があります．よく理解して必要と思われる資格取得の努力をしていきましょう．

■安全管理者
- 第一種衛生管理者
- 第二種衛生管理者
- ガス溶接作業主任者
- 足場の組み立て等作業主任者
- 型枠支保工の組み立て等作業主任者
- 地山の掘削作業主任者
- 酸素欠乏危険作業主任者
- 玉がけ技能者

などがあります．

　そのほか，危険または有害な作業をするときには特別教育を受講し，修了者として資格を取得してから作業をしなければなりません．

- 研削砥石の取替え等
- アーク溶接等
- フォークリフトの運転業務
- クレーン運転の業務
- 動力による巻き上げ機の運転の業務
- 玉がけの業務
- 酸素欠乏危険場所における作業の業務

など数々の資格があります．建設現場での作業では，上記にあるような仕事も必要になることが多々あります．

6.2 主な専門建築工事の業種を知ろう

建築工事にかかわる規程は建設業法に定められています．その業種は建設業法第1章総則の第2条で29種類を規定してあり，その内訳は表のとおりです．この章では，その中でも特にビル建築工事に関連の深い工事について，「土木・基礎工事」「躯体工事」「内装（仕上げ）工事」「設備工事」「その他の特殊工事」に分けその概略を解説します．

図は代表的な建築工事を模式的に表した概念図ですが，この図によって次に1～5まで大分類した工事の概念を説明します．

⬇ 建設業の登録業種名

	登録工事業名		登録工事業名
1	土木工事業	16	ガラス工事業
2	建築工事業	17	塗装工事業
3	大工工事業	18	防水工事業
4	左官工事業	19	内装仕上工事業
5	とび・土工工事業	20	機械器具設置工事業
6	石工事業	21	熱絶縁工事業
7	屋根工事業	22	電気通信工事業
8	電気工事業	23	造園工事業
9	管工事業	24	さく井工事業
10	タイル・れんが・ブロック工事業	25	建具工事業
11	鋼構造物工事業	26	水道施設工事業
12	鉄筋工事業	27	消防施設工事業
13	舗装工事業	28	清掃施設工事業
14	しゅんせつ工事業	29	解体工事業
15	板金工事業		

＊建設業法第1章第2条の順番で掲載

6.2 ◆ 主な専門建築工事の業種を知ろう

建築工事の大分類図

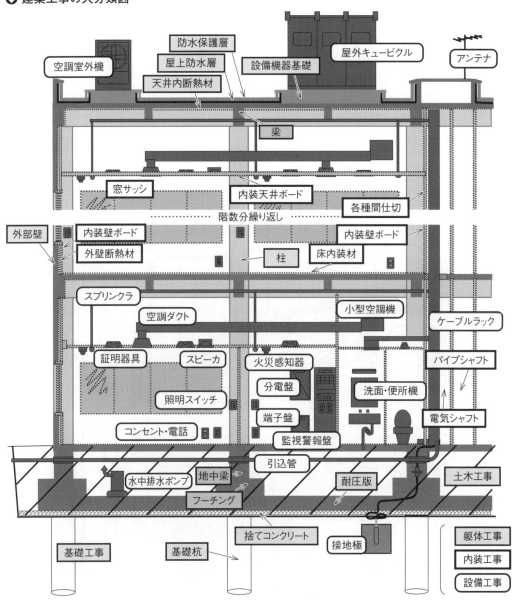

1. 土木・基礎工事

　ビル建築は建築予定地の整地や仮囲いの設置などから始まりますが，土地の整地や掘削などの作業を**土木工事**といいます．建物の基礎工事に必要な地面の成形は土木工事で掘削します．掘削によって排出される土砂は埋め戻しに利用したり，不適切な土質や剰余土砂は残土として廃棄処分されます．掘削整地後は基礎工事が始まります．基礎の種類は建物の用途や規模，地理的条件などにより決定されます．基礎の形状や工法によって電気設備の工事方法も変わりますので，土木工事・基礎工事の進め方をよく理解して接地極埋設のタイミングを逸しないよう注意が必要です．

2. 躯体工事

躯体とは，前工程で構築した基礎の上に建築する主要構造部分のことを総称し，コンクリートと鉄筋（鉄骨）の強度を合成して構築します．一般的な鉄筋コンクリート造の中小ビルにかかわる主な業種とその作業を次に説明します．図は躯体工事の概要を模式的に表した図で，同じ工程を繰り返しながら順次上の階へと施工していきます．

⬇ 型枠・鉄筋・コンクリート工事

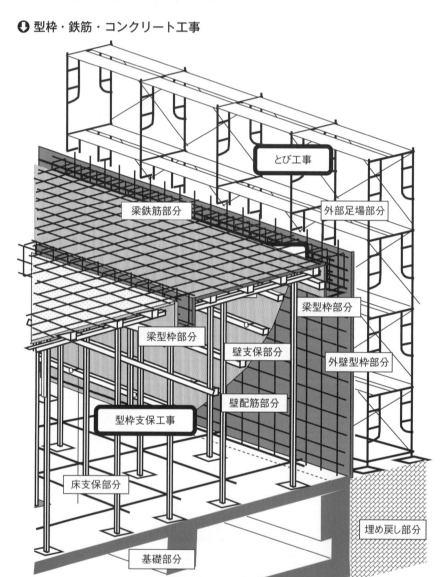

■ 型枠支保工事（大工工事業）

コンクリートで構造体を成型するために，コンクリートを流し込むための型枠を作る工事です．木製合板（俗称，コンパネ）などを使い，柱・梁・壁から順次天井（上階の床）面を作りますが，多くの部材類を用いて型枠を支持するので，型枠支保工事といい，コンクリートが固まり成型した後には解体するので**仮枠**とも呼びます．コンクリート打設後，必要な期間を置いた後で型枠を解体します．コンパネは解体後再使用されることがあります．

■ 鉄筋工事（鉄筋工事業）

型枠の中に鉄筋を入れる工事で，工程に従い型枠支保工事とともに順次交互に施工します．構造体に必要な強度によって鉄筋の太さや配筋の寸法などが変わります．

■ コンクリート工事

鉄筋工事と型枠支保工事の後に，型枠の中にコンクリートを流し込む（コンクリート打設）作業です．単純な作業に見えますが，コンクリートの性能により手順や速度などの違いによって，躯体の構造強度に大きな影響を及ぼす重要な工事です．

■ 鉄骨工事

鉄筋の代わりに鉄骨を骨組みにする工法や，鉄筋と鉄骨を併用する工法の場合には，最初に鉄骨を組み立ててから，その後に鉄筋や型枠支保を施工します．鉄骨造の場合，工法により型枠や鉄筋を使用しない工法もありますが，ここでは省略します．

■ とび工事

基礎工事時にも発生しますが，躯体工事中は安全な作業床を確保できない場所がほとんどです．労働安全衛生法では危険な場所での作業を禁止しています．そのために足場を仮に架設する専門業種がとび工事です．足場には用途や設置場所によりさまざまな方法があります．

コラム　躯体工事

躯体の主要構造は設計意図により次に大別できます．

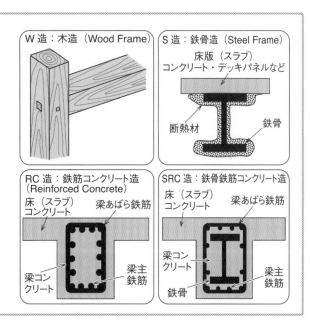

3. 内装（仕上げ）工事

躯体工事が完了した後から順次内装工事が開始されます．内装工事には多くの業種が携わります．以下に代表的な内装工事を説明します．

🔽 **内装工事の概要図**

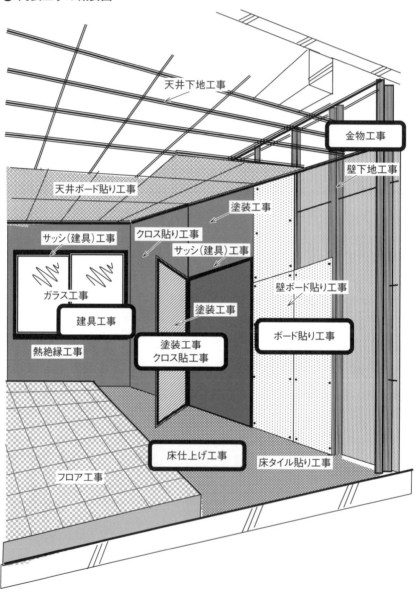

■ 左官工事

床・壁の凹凸がないようにモルタルなどを練り付け，塗装・クロスなどの最終仕上げ用に下地を作ります．最近の室内仕上げはボード工法が増えていますが，機械室や電気室の仕上げ，屋上の仕上げなどを行います．

■ 金物（天井・壁下地）工事

天井や壁の下地には軽量金物を使うことが一般的になっています．天井・壁などを専用の金物で仕切って壁や天井を形成します．また，装飾などの下地も金物で造作するケースも増えています．

■ ボード貼り工事

金物下地の後に，ボードビスやステップルでボードを貼り付けます．天井・壁ともに下地ボード（捨て貼り）の上に化粧ボードを貼る工法と，1枚だけの場合があります．防災上の規制によりビルなどでは不燃材を使用することが義務づけられており，ボードの厚さ寸法や材質が規制されています．

■ 塗装工事・クロス貼り工事

金物の露出部分・壁・天井などを仕上げるために塗装したり，クロスを貼り付けたりします．

■ 床仕上げ工事

一般ビルではプラスチックタイル（Pタイル）仕上げが主流でしたが，最近ではタイルカーペットが増えています．また高級感を持たせるじゅうたん敷きや，床下配線スペースのためのOAフロアがあります．

■ 建具（サッシ）工事

窓や扉の扉枠を取り付ける工事です．扉の開き勝手や防災・防犯などの用途により，電気工事に影響する工事です．

コラム　建築概要

これから先，電気工事に携わるなかで，「建築概要」という言葉が出てきますが，建築物の大きさや構造などを表現するときに使います．

建築概要の一例

建築名称	（仮称）電気工事士会館ビルディング
建築地	東京都中央区赤坂三丁目
規模	地下2階　地上25階　塔屋1階（B2F　25F　PH1F 表記もある）
構造	SRC造
敷地面積	5432 m² （建築場所の敷地の大きさ）
延べ床面積	56000 m² （建物の床面積の合計面積）
高さ	123 m （建物の最高高さ）

4. 設備工事

設備工事は次節で概要を述べ，電気設備工事については2章で詳細に説明しています．

設備工事の区分に明確な定義はありませんが，一般的には「電気設備」「空気調和（略して空調）設備」「給排水・衛生設備」「昇降機設備」に大別でき，この大項目はさらに専門的な種別に細分化されます．細分類される設備は必ずしも大項目に包含されるわけではなく，建築主や事業の特徴などにより，さまざまな組合せになることが多く，以下に一般的な設備工事の概要を示します．

▼ 設備工事の概要

設備工事	電気設備	受変電設備／幹線・動力設備／照明・コンセント設備／防災設備／防犯設備／放送設備／情報通信設備／発電機設備／監視設備／駐車場管制設備／太陽光発電設備／風力発電設備
	空調設備	熱源設備／冷暖房設備／換気設備／防災設備
	給排水・衛生設備	給水設備／雑排水設備／給湯設備／汚水排水設備／消火設備／ガス設備
	昇降機設備	エレベータ設備／エスカレータ設備／ダムウエータ設備

5. その他の特殊工事

法で規定されている業種は29種類あります．よく利用される工事の項目を以下に示します．

▼ その他の内装工事

工事項目	工事概要
タイル・れんが・ブロック工事	仕切り壁や仕上げ工事にブロックやタイルを使う
舗装工事	通路や駐車場などの舗装工事
防水工事	屋上・水槽・浴室などの防水工事，最近の便所は無防水方式がある
熱絶縁工事	外壁の断熱・構造物の耐火処理など
電気通信工事	一般の電気設備に含まれることもあるが，情報通信システムとともに光ファイバなどの工事も行う
造園工事	緑地帯や屋上緑化など，樹木や草花の植栽工事
機械駐車工事	立体駐車場など，機械搬送により駐車する設備
什器・家具工事	机や書棚などの据付けで，設備に関連することが多い

6.3 主な専門設備工事の業種を知ろう

電気工事を専門とする者でも，建築工事と同様，他の設備工事の概要は承知しておかなければなりません．次にビル建築における代表的な設備工事の概要を説明しますが，設備工事は「電気」「空調」「衛生」「その他」に区分することが一般的です．各設備間には密接な関係があることを示していますが，そのためにはお互いの工事内容を知っておく必要があります．

🔽 設備の連関性

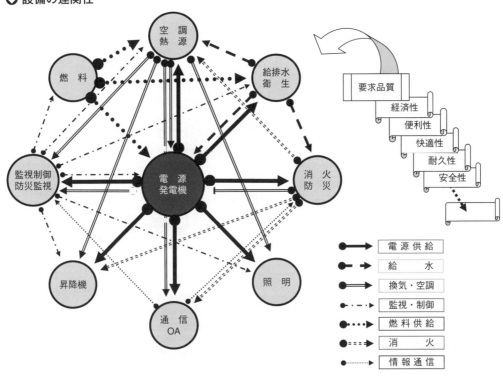

各設備工事がどの業種の範疇であるかは固定されていませんが，慣例的にほぼ定着して行われています．設備工事一覧表に一般的な各設備工事ごとの工事項目を示しますが，その他の項に掲げている工事は，電気・空調・衛生工事のどれかに含んで施工することが多いようです．特殊な場合は除外して，一般論としての認識で理解しておいてください．また，設備は日常的に運転し使用するので，個別業種ごとの品質を管理することはもちろんですが，各業種間の総合的な品質を確保しておかなければ，機能的な運用はできません．

「品質を高め，品質を保証する」ということとは，コストをかけた高価な設備を構築することではなく，また省資源化と称しての闇雲なコスト削減のことでもありません．建築主が求める品質を合理的に具現化し，コストに見合った最適最良な品質を提供することが必要です．もちろん，継続的な使用に対してのフォローも必要です．このためには総合的な合理性をアドバイスできる能力が必要で，建築・設備を問わず幅広い応用能力を求められます．電気工事士も例外ではありません．

6章 ビル建築に必要な専門工事業

設備工事の総合概念図

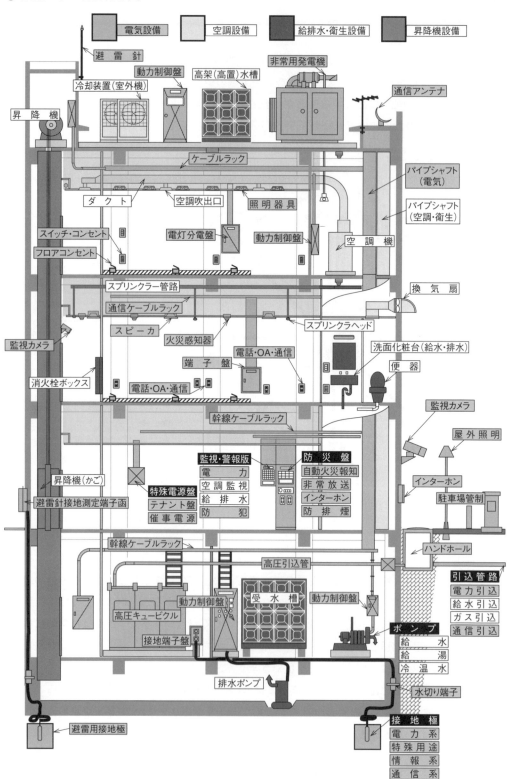

6.3 ◆ 主な専門設備工事の業種を知ろう

◉ 電気設備工事の概念図

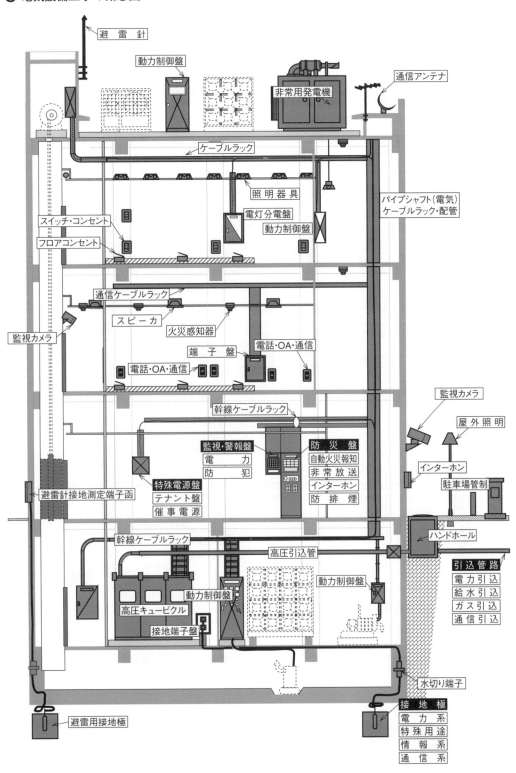

空調設備工事の概念図

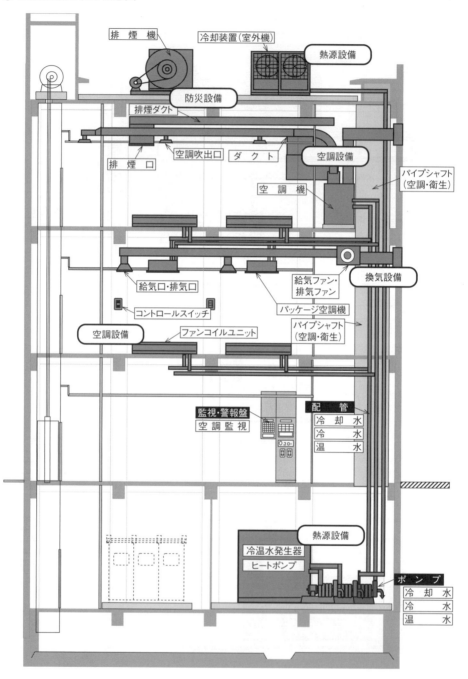

6.3 ◆ 主な専門設備工事の業種を知ろう

● 衛生設備工事の概念図

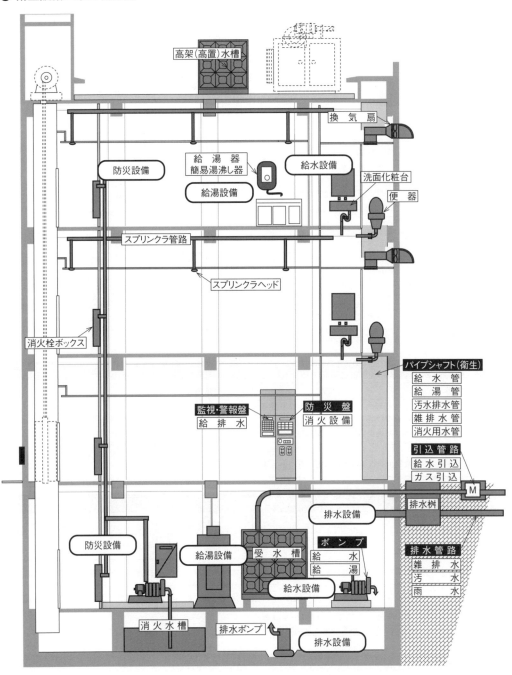

🔽 設備工事一覧表

電気設備工事

工事項目	工事概要	工事項目	工事概要
電力引込設備工事	電力会社配電線から需要場所へ分岐引込工事	（非常）放送設備工事	非常放送用配線・機器設置工事
受変電設備工事	変圧器や取引計器・遮断器などを設置し，配電盤で幹線を分岐する	共同聴視設備工事	テレビ・ラジオの共同聴視用配線・機器設置工事
発電機設備工事	保安用電力として発電機を設置し，変電設備との接続工事	ITV設備工事	監視カメラ用配線・機器設置工事
直流電源設備工事	直流回路の保安用電力として，整流器盤・蓄電池を設置	自動火災報知設備工事	自動火災報知システムの配線・機器設置工事
中央監視制御設備工事	建物内の現場盤と中央監視盤間の配線と，監視盤の設置	防排煙設備工事	防煙・排煙のための配線・電気機器取付工事
幹線設備工事	変電設備から電灯分電盤・動力制御盤・各種電源盤への配線工事	雷保護設備工事	避雷針設置・接地極埋設・避雷導線配線工事
動力設備工事	動力制御盤の設置と盤から負荷への配線工事	屋外照明設備工事	屋外照明器具設置・配線工事
照明設備工事	電灯分電盤の設置と盤から電灯負荷への配線工事	駐車場管制設備工事	駐車場の車両出入管理設備の機器設備・配線工事
コンセント設備工事	電灯分電盤の設置と盤からコンセントへの配線工事	表示設備工事	在室表示・電照サインの機器設置・配線工事
電話設備工事	通信会社線からの引込工事．MDFから端末までの配線・機器工事	特殊音響設備工事	会議システム・舞台音響などのAV関連設備設置・配線工事
情報通信設備工事	IT・OAなどに対応する配管・配線工事	太陽光発電設備工事	機器・架台設置．電力配線

配線工事には必要な配管などの保護管工事を含む

空調設備工事

工事項目	工事概要	工事項目	工事概要
熱源設備工事	冷暖房用の冷温水を発生させる設備の機器設置・配管工事	排煙設備工事	機械排煙用の排煙機設置と排煙用ダクトの設置工事
空調設備工事	各種空調機の設置，空調機器から居室空間へのダクト工事	空調制御計装工事	空調設備の効率運転のためのシステム用機器設備・配線工事
換気設備工事	換気用給排気機器の設置・ダクト工事		

衛生設備工事

工事項目	工事概要	工事項目	工事概要
給水設備工事	上水引込・各種給水・揚水配管．給水機器設置	ガス設備工事	ガス管配管，ガス機器の設置
排水設備工事	雑排水・汚水排水・湧水排水配管工事	雨水排水工事	雨水集水排水管工事．建築関連工事
給湯設備工事	給湯設備機器設置，給湯用配管	浄化槽設備工事	排水を浄化して放流する中間処理施設
防災設備工事	消火設備（スプリンクラ設備・消火栓設備・連結送水管設備・泡消火など）		

その他専門設備工事

工事項目	工事概要
昇降機設備工事	エレベータ・エスカレータ設置

〔備考〕
- 工事項目は中型の一般ビルにおける一般的な呼称．
- 配管はケーブルラックなどの電路保護を含む．
- 機器取付は，機器支給の場合もある．
- 各設備の工事項目の区分は一般的な例であり，分離発注などいろいろなケースがある．

1. 電気設備工事

電気設備は，いわゆる**強電設備**と**弱電設備**があります．利用する電圧・周波数やそのシステムにより基礎となる応用技術の範疇が異なり，法的な規制もその体系が異なります．

強電設備は，設備の連関図（145頁）でもわかるように，あらゆる負荷設備（電力を必要とするものすべて）に電力を供給することがその基礎になります．したがって，一つの建築物の中でどこにどれだけの電力が必要かによって，電気設備の仕様は変わります．

強電設備は

- 十分に供給（＝容量）
- 安全に供給（＝人の保護・機器の保護）
- 信頼ある供給（＝保安回路・計器）
- 利便性ある供給（＝制御）

を考慮に入れ，さらには照明やコンセントなどの電気機器も含みます．

弱電設備は電話回線に始まり，放送・情報通信などの設備をいい，近年は情報通信の急速な拡大により，弱電設備の幅も広がる一方です．自動火災報知などの防災設備，セキュリティなどの防犯設備，表示灯などのインフォメーション設備も，この弱電設備に含まれます．

電気工事は，配管・配線だけでなく，電力の供給に必要な機器の設置，情報通信システムの構築のための機器設置，防災などの機能確保のための機器設置も包含されますが，請負工事としての契約に当たっては，発注者の思惑などの状況により多様になりますので，現場ごとに工事範囲を確認しておくことが必要です．特に，電気設備工事に含まれる範囲は広いことを認識しておくことが大切です．

コラム　電気設備とは

電気設備学会誌によると，電気設備とは「電気技術を利用している装置・機器・管配線により構成されているシステム群で空間に取付・据付られ使用状態あるいは使用可能状態にあるものである」としています．電気設備は，次のように大別できます．

電気設備
- → 建築電気設備………**建物を主体とした設備**
  事務所ビル，集合住宅，病院，商業施設，学校，電算センター，劇場などの照明，コンセント，動力，情報，防災など
- → 工場電気設備………**生産を主体とした設備**
  建物設備，工作機械，輸送機械，自動化装置への電源供給，制御・監視，照明など
- → 施設（屋外）電気設備…**屋外を主体とした設備**
  道路，公園，競技場，橋，トンネル，港湾などの照明や情報施設など

2. 空調設備工事

　空調設備は熱源設備・換気設備・空調設備・防災設備に大別できますが，電気設備工事とは異なり作業は細分化されます．工事種類（作業）ごとに作業員は異なり，工程によってその工種は交代しながら工事は進みます．配管工・ダクト工・保温工・塗装工・土工・雑工などがその代表的な工種です．

■ 熱源設備

　冷暖房用の冷温水を発生させる設備であり，そのシステムの方式は多様で工事方法も変わります．エネルギー源として電力利用とガス利用の方式があります．発生させた冷水や温水の搬送など関連機器間のシステム制御が必要であり，電気設備とも密接に関連します．中小ビルでは**熱源設備**として施設しないで，機器に熱交換器を内蔵しているパッケージタイプの空調機が多く利用されています．また，省エネルギーを目的として，特殊機器の廃熱を利用したり，深夜電力による**蓄熱**を利用する方式も採用されています．

■ 換気設備

　居室空間の快適性とともに，空気汚染防止のために換気する必要があります．簡易で単純な換気扇タイプから，熱交換器を組み入れて効率を上げるものまで多種の方式があります．さらに，給気と排気を連動させたり，防災上の排煙設備との連動運転も必要になります．直接外気を給排気する場合と，ダクトとその制御により各室の最適必要換気を行う場合があり，ダクト方式の場合，設置占有スペースが大きくなりますので，他設備との取り合いが鍵になります．

■ 空調設備

　熱源設備で発生させた冷温水を空調機で熱交換し，各居室へ最適温度で給気します．中小ビルでは，既述のとおりパッケージタイプが主流です．熱交換方式には，直接外気による場合と，冷媒（ガスなどの）を介して室外機による場合があります．

■ 防災設備

　消防法と建築基準法の規定によって，機械排煙設備の設置が必要な場合があります．建築規模や構造によって異なり，建築的に自然排煙を採用する場合もあります．

■ 空調計装設備

　空調設備はすべてのシステムが相互に関連しながらその機能を発揮しますが，その相互間の制御や温度などの計測信号の授受が必要になります．これらの制御システムを計装設備と呼び，空気管を用いて制御することを空気計装，電気を利用することを電気計装と呼びます．

3. 衛生設備工事

　生活用水を利用・処理する設備です．水にはさまざまな用途がありそれに適合させるための工事方法も異なるので注意を要します．

■ 給水設備

　水道事業者（一般的には自治体）から取引用計器を経由し，構内に水を引き込みます．引き込んだ水は，いったん受水槽に貯水し，高架（高置）水槽に揚水ポンプで揚水後，給水が必要な場所に配水します．最近では，中型ビルでも受水槽などを設置しない**直圧式**も採用されています．給水用蛇口の取付けまで行うのが一般的ですが，その他特殊用途（空調用・消火用・冷却用など）用にも給水します．また，省資源を目的として**中水**を利用することもあります．

■ 給湯設備

　水を加熱し構内へ給湯する設備です．ボイラにより過熱しますが，方式には**電気ヒータ式**，**ヒートポンプ式**，**ガス燃焼式**，**油燃焼式**などがあります．ボイラは中央方式と分散方式があり，分散式は（電気・ガス）湯沸かし器がその一例です．給湯管は高温になりますので，配管には保温断熱処理を施してありますが，電線・ケーブルなどとの離隔距離を確保するなど電気設備との取り合いには注意が必要です．

■ 排水設備

　構内に給水した水は飲料用などで消費されますが，原則としてほとんど排水しなければなりません．また，地下からの湧水の処理も必要です．洗面や什器洗浄と空調排水などは雑排水，糞尿汚物の洗浄は汚水排水，湧水処理は湧水排水として取り扱います．排水工事に共通することは，水の流体特性を利用しますので，排水配管の勾配管理です．ポンプによる強制排水の場合は除外して，一般の自然排水時には適正な配管勾配が必要なため配線や配管との取り合いに注意を要します．排水は構外へ直接放流する場合と構内処理を経由して排水する場合がありますが，環境保全のための排水規制もあり配慮が必要です．

■ 防災設備

　消防法などの規程で防災設備が義務づけられます．主な設備にはスプリンクラー設備・消火栓設備がありますが，規模によって駐車場の消火設備や消防隊専用設備などが必要になります．

> **MEMO**　一般に上水道（上水）からの水道水を利用し，その後，下水道（下水）へ排水します．このとき上水として使った水を下水に流す前に処理をして，もう一度再利用する水が中水道（中水）です．その用途は，水洗トイレなど人が直接接触しないような目的や場所に使います．

4. その他の専門工事

電気・空調・衛生に，すべての設備を明確に当てはめることはできませんし，その必要もありません．しかし，これらの設備のいずれかに包括されることが多いですが，ある程度独立した設備であり，独特な技術を必要とする専門設備があります．その代表的な設備は昇降機設備です．昇降機設備の代表的な施設はエレベータやエスカレータです．人や荷物の迅速な昇降目的から，最近では福祉的なバリアフリーの目的で設置されることが増えています．エレベータ設備は建築躯体工事後，限られたピット内で作業するために目に触れることは少ないですが，電気容量や運行情報や緊急連絡装置などで電気設備には関係が深い設備です．エスカレータは階段の代用として設置されますが，電気容量は小容量です．小荷物を頻繁に搬送する場合，小規模（2〜4階）な小荷物専用昇降装置を設置することがあり，厨房の食材搬送や，病院の薬剤搬送などに使われます．書類を搬送する気送管設備や簡易コンベア設備もあります．

その他，設備として建築計画の施策によっていろいろな設備がありますので，一つの例として理解してください．

以上述べてきた各設備工事はそれぞれ独立性はありますが，すべての設備は相互に関連性を持ちながら機能することが最適であり効率的ですから，相互の協調を図ることが設備工事を担当する者の使命です．

コラム　親父の独り言

私は30数年前に電気工事会社に勤務することになりました．確たる信念があったわけでもなく，青白きインテリよりも額に汗することへのこだわりがあった程度です．当然のように，工事のことは何も知らなかったし，特段の専門教育を受けたこともありません．当時，土曜日はもちろん日曜日・祭日まで当然のように働いたものです．夜間工事をしている前を酔っ払いが千鳥足で通り過ぎ，カップルが腕を組んで歩く姿に寂しい思いもしてきました．しかし，自分で電気設備を造っていくこと，そしてそれがシステムとして機能する悦びは，この仕事の奥深さとともに面白さを教えてくれました．最初の現場で変圧器が低周波音で唸り，照明が点灯したときの感動はまだ脳裏に焼きついています．そして，未知の世界が拡がっていくことへの喜びが快感にまで変化していました．仲間内と安全や品質や工法や作図などいろんな場面で議論しながら，現場に対する自信を意識するまでに10年が経過していました．それからの15年間は辛くて嫌な現場，他人との意見の摩擦など当然の経験を経ながら，家庭に目を向ける余裕もなく充実した現場でした．

己の選んだ仕事を好きになること．人を好きになること．電気工事に誇りと使命感を持つこと．好奇心と信念を持つこと……気持ちは持ちようです．

7章

建物用途別電気設備の特徴

　本書は事務所ビルの建設を題材にして解説していますが，事務所ビル以外の用途の建物も多く建設されており，それぞれ用途別に応じた特徴ある電気設備が計画されています．電気工事士は，これらの電気設備を理解してさまざまな経験を積み重ね，技術向上を図ることは重要なことです．

　この章では，建物の用途別に電気設備の特徴を簡単に解説していますが，新人の電気工事士が事務所ビル以外の電気設備工事に従事する場合においても実務の基本は同じです．あとは，創意・工夫で応用することの大切さを理解してください．また，日常生活のなかでさまざまな建物に出入りして可能な限り，その建物の特徴を実感してとらえることは「百聞は一見にしかず」でしょう．

　また，最近では低炭素社会実現のために，自然エネルギー利用技術，再生エネルギー利用技術，省エネルギー技術の導入も多く見られるようになってきており，これらの設備を理解し技術向上を図ることが求められています．

7.1 事務所ビルの電気設備の特徴を知ろう

1. 電気設備の特徴

　事務所ビルには，官公庁ビルや企業の自社ビル，テナントの賃貸を目的とした貸事務所ビルなどがあります．自社ビルは，いわば各企業の顔であり，企業の理念や個性に基づいた特徴ある建設計画が策定されています．事務所ビルはほとんどが執務室であり，オフィスレイアウトの変更に対応できる柔軟性と執務環境の利便性や快適性に配慮したスペース計画がされていることです．

　電気設備は，これらの計画の構築に必要不可欠な設備であり，完成後のビル管理・運用面でも重要な位置づけとなっています．また近年，急速に進展している高度情報化社会にあって，IT（情報通信技術）に対応する高い機能とセキュリティなどの安全性や電源の信頼性が以前にも増して強く要求されています．

　一方，省エネルギー法の改正により省エネルギー対策がこれまで以上に重要になってきています．事務所ビルで消費されるエネルギーのうち照明設備で全エネルギーの約3分の1を消費します．このことから，高効率なインバータ照明器具の採用と照明設備の点滅・調光制御，昼光利用などの照明制御システムが導入されています．

⬇ 二重床と多目的照明制御システムの例

① 二重床

・フリーアクセスフロア（二重床）　　・OAフロア（二重床）

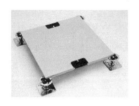
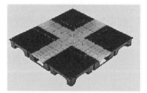

② 多目的照明制御システム

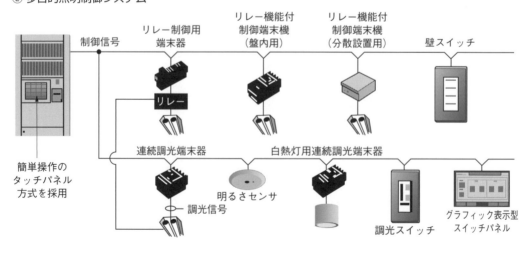

また，事務所と事務所以外の複数の用途スペースが混在した複合用途ビルもあり，不特定多数の人が出入りするために防犯・防災設備が特に強化されています．

2. 空気調和設備の特徴

事務所ビルの空気調和設備で消費されるエネルギーは全エネルギーの約 60% であり，省エネルギー対策は最も重要です．同時に，四季を通じて居住者は長時間執務していますので，機械力で室内環境の快適性を十分に確保し，かつ維持することもことのほか重要です．

ここでは，快適性の指標を示す温度，湿度などから演算して室内温度を一定に保つ快適空調制御システムと，空調制御で代表的な変風量制御方式（熱負荷の増減に応じて給気の量を調節して所定の温度を維持する省エネルギー制御方式）の概念図を示します．

⬇ **快適空調制御システムと変風量制御方式の概念図**
① 快適空調制御システム

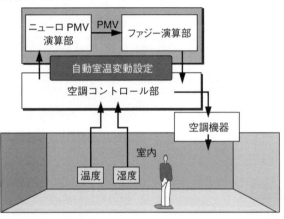

② 変風量制御方式

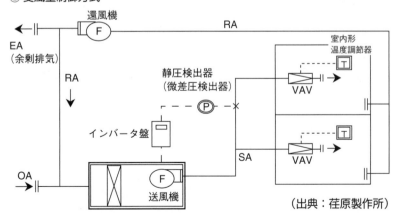

（出典：荏原製作所）

7章 ● 建物用途別電気設備の特徴

3. 給排水・衛生設備の特徴

　事務所ビルでの居住者1人当たりの平均使用水量は1日当たり約110リットル/日（1日平均使用時間8時間）です．給排水・衛生設備の特徴としては，節水を目的にした機器の採用と排水を中和して再利用するシステムの導入です．
　ここでは，節水を目的にした機器と給排水利用システムの例を図に示します．

⬇ **節水を目的にした機器と給排水利用システムの例**

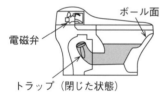

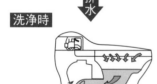

① 節水を目的とした機器
　（タンクレス水洗便器）

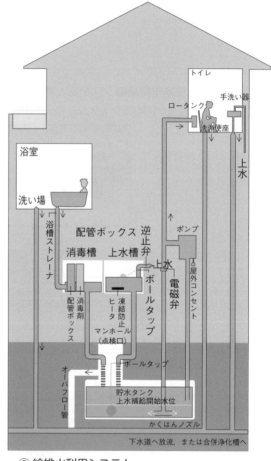

② 給排水利用システム

7.1 ◆ 事務所ビルの電気設備の特徴を知ろう

4. 乗用エレベータと駐車場管制システム

　事務所ビルでは，ビルの大規模化および高層化に伴い，各種の昇降設備が設置されますが，代表的なものは人の大量・高速輸送を目的とした乗用エレベータがあります．また，都市部の事務所ビルでは，敷地に制限もあることから駐車スペースの確保の観点から駐車場設備も重要な設備です．ここでは，乗用エレベータ運転と駐車場管制の各制御システムの例を図に示します．

⬇ 乗用エレベータ運転と駐車場管制の各制御システムの例

① 乗用エレベータ運転制御システム

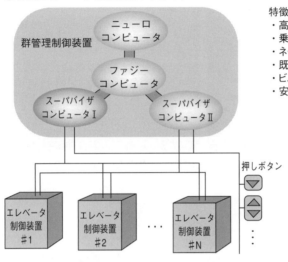

特徴
・高い到着予報精度を実現
・乗客の待ち時間を短縮
・ネットワークの自動修正が可能
・既設エレベータへの搭載も可能
・ビル内通信ネットワークに対応
・安心できる多重のバックアップ体制

② 駐車場管制制御システム

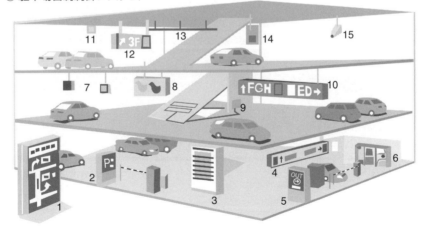

1. 駐車場案内灯
2. 入場表示灯
3. 総合満車表示灯
4. 案内表示灯
5. 出口警報灯
6. 駐車場総合管制盤
7. 小ブロック空車灯
8. 2位信号灯
9. ループコイル式車両感知器
10. ブロック誘導灯
11. 超音波式感知器
12. 各階満車灯
13. 赤外線アレーセンサ
14. 回転信号灯
15. CCTV カメラ

5. 自然エネルギー設備

事務所ビルをはじめ，各種建物，フィールドでは，二酸化炭素削減，省エネルギーを目的に太陽光発電システムや風力発電システムの導入・普及が進んでいます．

自然エネルギーは今後，小型のものから大型のものまで，さらに導入が進むものと考えられますので，その特徴を理解することが求められます．

● 自然エネルギー設備

① 太陽光発電システム（事務所ビル）

② 太陽光発電システム（メガソーラー）

③ 風力発電システム

④ 小型風力発電機（ダリウス型）

7.2 その他の建物用途別電気設備の特徴を知ろう

1. データセンター・金融機関の電気設備の特徴

　データセンターや金融機関などの公共的・社会的なオンラインシステムや，インターネットによるデータシステム（例えば電子商取引）であれば，万一の大規模な電算システムのダウンによる損害は計り知れません．また，電力会社による商用電源は非常に安定して供給されていますが，絶対的なものではありません．台風，地震，雷などの自然災害および自家用電気工作物の事故や，その事故による電力会社の配電線事故，また，特殊あるいは大容量の負荷による電源の各種変動は常に発生しています．

　このことから，多用するコンピュータやその周辺装置への安定した電源供給設備と，それらの設備の24時間監視体制を構築することが強く要求されています．電源システムでは，2回線受電（本線・予備線），バックアップ電源用の発電機設備や直流電源装置，幹線の二重化や，瞬時停電のない定電圧・定周波数の安定した電力を供給するさまざまな無停電電源供給装置（整流器，インバータと蓄電池で構成）などが設置されています．

　また，建築的な地震に対する対策として，基礎部分とその上部構造物との間に種々の免震装置を設置して地震エネルギーを吸収する対策がなされている場合は，電気設備の施工面でも対策が必要です．さらに，これらの建物への不法侵入者に対する防犯システム（入退室管理システムなど）とインターネット犯罪やコンピュータウィルスの侵入による電子データの破壊などに対する対策など，ハード・ソフト両面のセキュリティシステムも設置されています．

⬇ 電源の二重化と無停電電源供給装置の例

① 電源の二重化

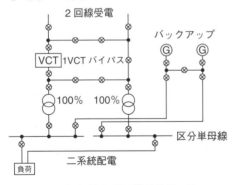

② 無停電電源供給装置

③ 無停電電源供給装置／キーマンズネット

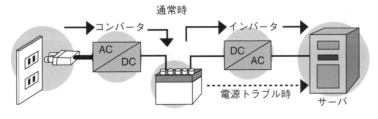

2. 住宅・マンションの電気設備の特徴

　住宅は，一戸建ての一般住宅とマンションなどの集合住宅があります．これらの電気設備では，ホームオートメーションに加え，近年，光ファイバによる家庭向け電話，インターネットおよびテレビなどの情報の高速データ通信サービスが急速に普及しています．また，高齢化による安全性重視，災害時の電源の安定供給や深夜電気料金の割引が適用されることから全電化システムが普及しつつあります．

　また，地球環境保護の観点からも新エネルギー利用による石油に代わるクリーンなエネルギーの利用が近年特に脚光を浴びています．住宅用の太陽光発電システムの普及に加え，家庭用燃料電池発電システムの実用化と普及が期待されています．

● ホームオートメーションシステムの例

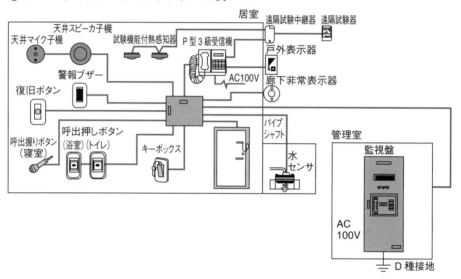

● 家庭用燃料電池発電システムの例

① 家庭用燃料電池

（出典：荏原バラード）

② 家庭用燃料電池システムの概要

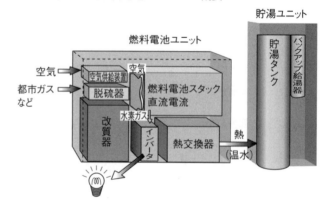

この発電システムは，都市ガスやプロパンガス，灯油などを燃料として水素を発生させ，酸素と科学反応させて電気と水を発生させるとともに，低圧商用電源とも電気的に系統連携させるシステムです．また，比較的安全性が高く小出力の発電設備であり，一般用電気工作物と規定されています．

さらに，集合住宅では，特に最近は都市部では高層化が進み，建築構造が一定の条件に適合すれば一部の消防設備が免除されます．その特例に対応したホームオートメーションシステムが構築されるとともに，高層化については地震に対する免震構造のマンションも増加しており，それらに対応した電気設備の施工が要求されます．

ほかにも，テナントオフィスビルの過剰供給で，住宅へと用途変更する（コンバージョン）動きや，数世代にわたって利用を可能にすることを目的とした，建物の柱・梁・床などの構造躯体と住宅内の内装・設備とを分離した集合住宅（SI住宅）が開発され普及しつつあります．

3. 宿泊施設の電気設備の特徴

宿泊施設には，都市部の再開発地域などの都市型ホテル（シティホテル），ビジネスホテルやリゾートホテルに大別できます．都市部に建設される最近のホテルには，さまざまな管理・運用システムや宿泊客のインターネット利用などの高速情報通信技術関連のニーズに対応すべくシステムが設置されています．このため既存のホテルにとっては，これらの最新のシステムへの対応の遅れは致命的であり，改修工事は避けられない状況になっています．

また，宿泊施設の電気設備としては，宿泊客の在・不在管理により照明設備（空調設備も含めて）のオン・オフ制御による省エネルギー対策が重要です．

宿泊設備（前項の集合住宅も同様）の電気設備の施工の標準化として，客室のタイプ別による，従来の配線からプレハブ化（現場で配線施工するのではなく事前に工場にて製作する分岐ユニットケーブルの導入）による省施工方法も取り入れられています．

ここでは，VVFケーブルのユニットケーブルと変更対応が可能な工法の例を図に示します．

7章 建物用途別電気設備の特徴

◉ ユニットケーブルと変更対応が可能な工法の例

① VVFケーブルのユニットケーブル

ケーブルが色別され，各ケーブルの配線用途が印字されています．

② 変更対応が可能な工法

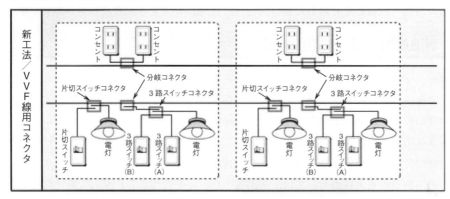

VVF線分岐コネクタ

● 2心ケーブル用 PT2 コネクタ

● 3心ケーブル用 PT3 コネクタ

VVF線 スイッチ回路コネクタ

● 片切スイッチコネクタ

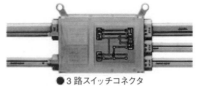

● 3路スイッチコネクタ

4. 病院の電気設備の特徴

病院は，患者の生命を預かることから，電源供給設備が重要であることは容易に理解できます．電源供給設備の基本的なシステムは，データセンターなどと共通点が多くあります．

また，安全性の向上といった観点から，病院電気設備の安全基準がJISで定められています．この基準には，医用室別に非常電源だけでなく医用接地方式や非接地配線方式なども定められており，24時間体制の電源供給システムが構築されています．また，最新の病院は情報通信化の進展により，医療管理・運用業務システムにコンピュータが多用されており，例えば電子カルテの導入が急速に図られており，重要なデータをも扱うことになります．さらに，入院患者にとって病室は医者や看護婦の診断・治療の場だけでなく，毎日寝起きし，食事をとり，24時間生活する場です．

このことから，治療機能と生活機能への配慮で従来ベッドのヘッドボードまわりに点在していた照明器具とスイッチ・コンセント，医療ガスやナースコールなどの機能を横型のユニットに収容したもの（メディカルユニット）が開発されており，病室内の機能と美観を高めています．

また，内線規程では医療用電気機械器具を使用する部屋（医用室）に施設するコンセントは，接地極付きのものを用いる必要があります．一般的な白色系のコンセントのほかに，赤色，茶色や緑色系の医用接地型コンセントや専用の接地型プラグが使用されていることは病院の電気設備の大きな特徴です．

ここでは，メディカルユニット設備と医用接地プラグの例を図に示します．

◉ メディカルユニットと医用接地プラグなどの例

① メディカルユニット　　② 医用接地プラグ

5. 劇場の電気設備の特徴

　劇場には専用の建物もありますが，最近は複合用途の多目的な劇場（多目的ホール）が多くなってきています．多目的ホールの電気設備の場合は，劇場特有の電気設備と一般の電気設備が混在しています．

　したがって，多目的ホールにおける管理・運用および保守の面から，ホール用の受変電設備から舞台設備までを一般電気設備とは分離していることが一般的です．

　ホールには，舞台照明設備，舞台音響設備，舞台機構設備や舞台運営用設備などがあり，負荷容量が非常に大きいうえに負荷変動が激しく電圧降下に対する対策が要求されます．また，特殊照明設備のサイリスタ制御によるノイズの発生，舞台機構の電動機のインバータ制御による高調波の発生，配電室の変圧器の騒音や振動の発生などによる音響設備への影響に対する対策が要求されます．

　一方，不特定多数の老若男女や身体障害者などの観客が大空間の暗いホールに一同に集まることから，防災設備については特に重要な意味をもっています．

　例えば，誘導灯設備では，自動火災報知設備と連動して，誘導灯の点灯，誘導音の発生，点滅・減光などの付加機能を誘導灯信号装置によって制御します．さらに，非常ベルに連動して誘導音発声・キセノンランプの点滅，逆に非常放送が作動する場合は誘導音を停止させることもあります．

　また，客席の椅子には客席誘導灯の設置が義務づけられています．

　ほかにも，非常事態が発生した場合のパニックを考慮すると，自動火災報知設備の高い天井に設置した火災感知器の誤動作（火災以外の原因で感知器が発報する）対策として火災感知器の選定は重要です．

　一方，施工面では，舞台上の設備は反射を抑えた黒色の塗装を施すことや高天井であることから，保守管理上で照明ランプや非常照明設備の蓄電池の交換を天井裏から交換できるような対策が必要です．

　ここでは，誘導灯設備の制御例と誘導音付点滅型誘導灯の例を図に示します．

⬇ 誘導灯設備の制御例と誘導音付点滅型誘導灯の例

① 誘導灯設備の制御例

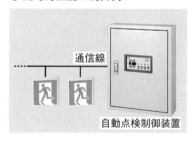

② 誘導音付点滅型誘導灯

6. 店舗の電気設備の特徴

　店舗には，個人商店のような小規模なものから，スーパーマーケット，デパートさらには大規模なショッピングセンターまでさまざまな規模があります．扱う販売品目や飲食なども含めた売り場の構成によっても，また，運用形態によっても電気設備の計画もさまざまです．24時間営業では，運用コスト（ランニングコスト）の削減，深夜時間の照明のあり方，防犯対策などが必要です．このうち，特に運用コストで大事な電気料金の削減の観点からは，電力事業の規制緩和に伴った電力契約種別も多様化しています．

　また，大規模な店舗の場合は不特定多数の人が流動的に集まることから，過去の火災事故において多くの犠牲者を出している実例からみても防災設備の運用管理はことのほか重要です．さらに，停電時などは冷蔵・冷凍設備や店内の保安照明（非常照明とは別にパニック対策を考慮した最低限の照明）や販売時の情報管理システムであるPOSシステム用の電源など，法規制上の防災電源とは別に保安用予備電源が設置されています．

　また，照明設備については，店舗の空間を演出することからベースとなる照明の光源の種類，演色性などを考慮したものが採用されています．局所的な売り場の照明設備では，ショウウインドウ，ショーケースなどの器具が目障りにならないような専用の照明器具が設置されています．

　さらに，大規模な店舗は，頻繁に売り場の模様替えが行われることも多いので，ゾーンごとに分電盤が設置されます．

　ここでは，コンビニの照明制御とレール状の天井電源ダクトシステムの例を図に示します．

◉ コンビニの照明制御とレール状の天井電源ダクトシステムの例

① コンビニの照明制御　　　　　　　　　② 天井電源ダクトシステム

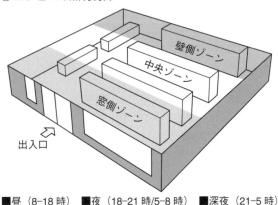

■昼（8-18時）　　■夜（18-21時/5-8時）　■深夜（21-5時）
950 lx　　　　　　630 lx　　　　　　　　530 lx
窓側：60%　　　　窓側：80%　　　　　　窓側：50%
中央：70%　　　　中央：50%　　　　　　中央：50%
壁側：80%　　　　壁側：60%　　　　　　壁側：70%

7. 学校の電気設備の特徴

　学校には，小学校，中学校，高等学校および大学のほかに各種専門学校などの教育施設がありますが，電気設備的に検証する場合は付属施設を多く持つ大学（総合大学）が代表的です．大学は学部数などによっては複数のキャンパスで構成されており，それぞれが単独の特徴ある施設でもあります．一つのキャンパス内に学部・研究施設，講堂，図書館，体育施設や事務管理棟などの施設が存在し，電気設備もそれぞれの施設に対応した建物用途別の特徴が見受けられます．また，コンピュータルームにはパソコンなど多数の情報機器が導入され，今日では電力消費の多いCRTモニタから消費電源の少ない液晶モニタに置きかわっています．

　特に，大学は，春季，夏季，冬季休暇が長く，そのほかの中間期とではエネルギーの消費量に大きな差があるため，受変電設備の計画にもそれらの運用・管理面で種々の工夫が施されています．

　最近の少子化傾向で大学への進学者数の減少が予想されており，学生を確保するために他の学校との差別化が課題です．このため，快適な教育環境づくりの必要性からも一般教室でも空調設備を導入する傾向にあります．また，教室の照明設備では，学生の机上での読み書き，講師と学生のお互いの顔の表情の判別，黒板の文字の見え方などを考慮した必要な照度の確保と，まぶしさ（グレア）を抑えた照明環境が構築されています．

　さらに，広いキャンパス内に分散配置された電気設備を，防犯・防災機能およびエネルギー使用状況などを一元的で効率的な管理システムが構築されてきています．

　ここでは，天井や黒板灯の光源が直接学生の目に入らない照明設備の計画例を図に示します．

⬇ 天井や黒板灯の光源が直接学生の目に入らない照明設備の計画例

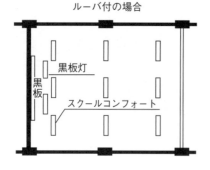
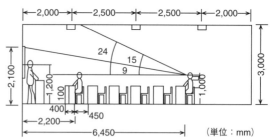

8. 工場の電気設備の特徴

　工場は，生産する製品の品目によって特殊な施設や場所が存在し，規模によっても多種多様です．建物としての一般電気設備と生産用電気設備とがあり，特に生産用電気設備は，短期間に製造ラインの変更，改造ができ，また将来の増設などを見込んだ柔軟な計画が必要です．計画当初の製造ラインは，生産用機械の電源電圧や容量の変更が多いものです．工場の敷地内に生産施設，研究施設，体育施設や事務管理棟およびエネルギー棟などの施設がある場合，電気設備もそれぞれの施設に対応したものになります．清浄な環境を要求されるクリーンルームなどでは加圧空気で外気の侵入を防いだり，逆にクリーンルーム内を減圧して空気漏れを防ぐことが要求されており，電気設備も気密性の確保が必要です．

　臨海の工業地帯などでは高い耐塩性が要求され，工場によっては極端な高温あるいは低温の施設や場所があります．また，腐食ガスや不燃性粉じんを発生しやすい場所などでは耐食性や密閉性が要求されます．さらに，可燃性ガス，可燃性粉じん，引火性液体が発生しやすい危険な場所などでは法的にも各種の規制があります．電気設備に関しても労働安全衛生法などで危険場所の種別や対象とする危険物の性質に応じた工事が要求されます．

　ここでは，危険な場所における防爆電気工事の例を図に示します．

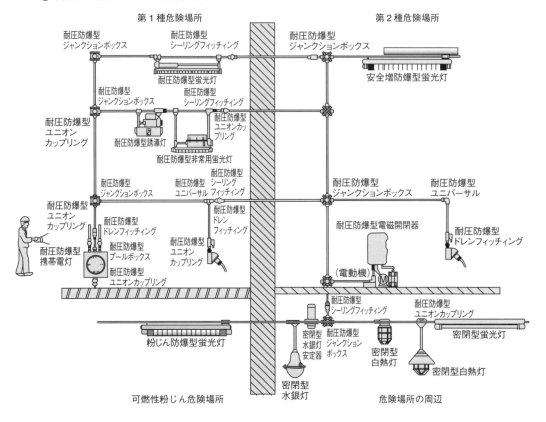

危険な場所における防爆電気工事の例

索 引

▶ ア 行 ◀

- アウトレットボックス ……………………… 45, 51
- あかりの日 …………………………………… 44
- アーステスタ ………………………………… 37
- アスファルトフィニッシャ …………………… 80
- 雨水排水工事 ……………………………… 150
- 安全衛生協議会 …………………………… 101
- 安全衛生大会 ……………………………… 101
- 安全管理 ……………………………… 10, 137
- 安全靴 ……………………………………… 125
- 安全掲示板 …………………………………… 10
- 安全施設 ……………………………………… 10
- 安全施工サイクル ……………………………… 96
- 安全帯 ……………………………………… 125
- 安全朝礼 …………………………………… 101
- 安全通路 ……………………………………… 10
- 安全パトロール …………………………… 101
- 安全帽 ……………………………………… 125
- アンペア ……………………………………… 45

- 意匠図 ………………………………………… 20
- 一日サイクル ………………………………… 95
- 一般競争入札 ……………………………… 131
- 一般用電気工作物 ………………………… 111
- 医用接地プラグ …………………………… 165
- インサート …………………………………… 43

- ウエス ………………………………………… 57
- 請負契約 …………………………………… 130
- 受　付 ……………………………………… 2, 9
- 埋込みアンカー ……………………………… 43
- 埋込型蛍光灯 ………………………………… 75
- 埋込型煙感知器 ……………………………… 76
- 埋戻し ………………………………………… 81
- 埋戻し転圧 …………………………………… 83

- 衛生設備工事 ……………………………… 153
- 衛生設備工事の総合概念図 ……………… 149
- エスカレータ ……………………………… 154
- エレベータ ………………………………… 154
- エレベータ監視盤 …………………………… 73
- エンドカバー ………………………………… 55

- 屋外照明設備工事 ………………………… 150
- 屋内キュービクル式高圧受変電設備の盤 …… 117
- 送り出し教育 ……………………………… 101
- オープンカット方式 ………………………… 33
- オーム ………………………………………… 45

▶ カ 行 ◀

- 外構工事 ……………………………………… 79
- 外構整地工事 ………………………………… 86
- 外周足場 ……………………………………… 10
- 快適空調制御システム …………………… 157
- 外灯工事施工 ………………………………… 83
- 外部足場 ……………………………………… 10
- 鍵管理設備主装置 …………………………… 74
- 鍵引渡し書 …………………………………… 84
- 加工場 ………………………………………… 7
- 瑕　疵 ………………………………………… 89
- 瑕疵検査 ………………………………… 90, 91
- ガス設備工事 ……………………………… 150
- ガス燃焼式 ………………………………… 153
- 仮　設 ………………………………………… 2
- 仮設足場 ……………………………………… 10
- 仮設給排水設備 ……………………………… 8
- 仮設受電設備 ………………………………… 2
- 仮設鉄骨梁 …………………………………… 32
- 仮設電源設備 ………………………………… 8
- 型枠支保工事 ……………………………… 141
- 家庭用燃料電池 …………………………… 162
- 家庭用燃料電池システム ………………… 162
- 稼働人員山積表 ……………………………… 25
- 金物工事 …………………………………… 143
- 壁下地工事 ………………………………… 143
- 壁鉄筋工事施工 ……………………………… 50
- 壁ボード貼り施工 …………………………… 66
- 雷保護設備工事 …………………………… 150
- 仮使用借地 …………………………………… 6
- 仮　枠 ……………………………………… 141
- 換気設備 …………………………………… 152
- 換気設備工事 ……………………………… 150
- 官公庁届出書類 ……………………………… 84
- 監視カメラ主装置 …………………………… 74
- 監視モニタ …………………………………… 74
- 幹線設備工事 ……………………………… 150
- 貫通スリーブ ………………………………… 43
- 管　理 ……………………………………… 136
- 監　理 ……………………………………… 136
- 管理室機器設置・取付け工事 ……………… 73
- 管路路床転圧 ………………………………… 81

索　引

機械駐車工事	144
機器完成図	84
機器プロット図	20, 24
器具吊り用インサート	53
技術基準適合義務	111
基礎工事	5
既存建て屋解体・整地	32, 32
逆打ち工法	32, 33
脚立	125
給水設備	8, 153
給水設備工事	150
給湯設備工事	150
給排水・衛生設備	144
給排水使用システム	158
給湯設備	153
キュービクル	71
競争入札	131
強電設備	151
共同企業体	134
共同企業体発注	134
共同聴視設備工事	150
協力業者	133
協力業者一覧表	84
極性試験	87
切梁方式	33
近隣対応設備	9
杭頭処理	34
空調監視装置	73
空調計装設備	152
空調制御計装工事	150
空調設備	144, 152
空調設備工事	150, 152
空調設備工事の総合概念図	148
釘仕舞い	57
躯体	140
躯体工事	140, 141
掘削・根切工事	32, 32
掘削土木・基礎工事	30
グランドライン	31
クロス貼り工事	143
クロス貼り施工	68
蛍光灯	115
警備	2, 9
軽量鉄骨天井下地施工	64
月間工程表	25, 27
月間サイクル	95
月間の安全施工サイクル	96

ゲート	7
ケーブル	121
ケーブル支持材	122
ケーブル保護管敷設	81
ケーブル埋設シート敷設	83
ケーブルラック	122
ケーブルラック延線補助工具	124
建設業の許可票	104
建設業法	106
建設工事用敷地	6
建設敷地	6
建築概要	143
建築確認検査	86, 88
建築基準法	109
建築構造図	20, 21
建築主事検査	109
建築設備耐震設計・施工指針	58
建築断面図	20, 22
建築電気設備	151
検電器	128
現場管理	136
現場事務所	2, 7
現場施工	94
現場造成杭	31
現場の5S	11
高圧受電設備規程	112
高圧プラスチックシート	125
工期サイクル	95
高輝度誘導灯	119
工具	123
工事請負	133
工事概要書	84
工事監理	135
工事契約	130
工事工程表	5
工事用仮囲い	2
工事用施設	7
工場生産	94
工事用設備	8
工場電気設備	151
高所作業	99, 125
高所作業車	98
高所作業台等使用前点検表	98
更新工事	90
鋼製電線管	121
工程表	25
コーブ照明	76
コンクリート工事	141

172

コンクリート打設	56
コンクリート養生	56
コンクリート養生期間	44
コンセント	77
コンセント設備工事	150
コンセントチェッカ	128
コンビニの照明制御	167

▶ サ 行 ◀

災害防止協議会	101
左官工事	143
作業員詰所	2, 7
作業半径	10
サッシ工事	143
産業廃棄物置場	7
仕上げ工事	142
仕上げ表	20
直付け型照明	75
直天井仕上げ	64
自家用電気工作物	111
敷地	2
敷地面積	6
事業用電気工作物	111
試験成績表	84
試験用端子函	51, 59
システム天井照明	75
システム天井施工	66
施設電気設備	151
自然エネルギー設備	160
自動火災報知設備工事	150
シートパイル基礎杭	31
指名競争入札	131
弱電設備	151
週間工程表	25, 28
週間サイクル	95
週間の安全施工サイクル	96
什器・家具工事	144
修理	90
受電盤	71
受変電設備工事	150
受変電設備の盤	117
竣工検査	88
竣工後の作業	89
竣工図	84
竣工図書	84
竣工前検査	86
竣工前作業	85
浄化槽設備工事	150

昇降機設備	144, 154
昇降機設備工事	150
照度計	128
消防検査	86, 88, 108
情報通信設備	9
情報通信設備工事	150
消防法	108
使用前自主検査の方法	88
照明器具	118
照明制御盤	73
照明設備工事	150
乗用エレベータ運転制御システム	159
食堂	7
新規入場者教育	101
スイッチボックス	51
スクラップアンドビルド	91
捨てコンクリート打設	38
スペーサ	54
スラブ貫通枠	53
スラブ配管工事	55
清潔	95
清掃	86, 95
整頓	95
整理	95
施工図	20
施工要領書	20
絶縁抵抗計	127
絶縁抵抗測定	87
設計監理	135
設計事務所	135
設計施工受注	135
接続材料	122
接地極の埋設工事	35
接地抵抗計	127
接地抵抗測定	87
設備工事	144
設備工事の総合概念図	146
セパレート金具	42
全体工程表	25, 26
洗面	7
専門建築工事	138
占用敷地	6
造園工事	144
倉庫	2, 7
総合工程	5
総合図	20

索　引

総合発注 …………………………………… 133	電気機械器具等使用前点検表 ……………… 97

▶ タ 行 ◀

耐圧ゴムシート ……………………………… 125	電気記念日 …………………………………… 44
耐圧盤 ………………………………………… 38	電気工作物 …………………………………… 111
耐圧盤・地中梁工事 ………………………… 38	電気工事業法 ………………………………… 106
耐火被覆工事 ………………………………… 58	電気工事士法 ………………………………… 107
大工工事業 …………………………………… 141	電気事業法 …………………………………… 111
耐火被覆施工 ………………………………… 58	電気事業用電気工作物 ……………………… 111
タイムチャート ………………………… 25, 25, 29	電気室 ………………………………………… 71
タイヤローラによる転圧 …………………… 82	電気使用安全月間 …………………………… 102
太陽光発電設備工事 ………………………… 150	電気錠制御盤 ………………………………… 74
太陽光発電システム ………………………… 160	電気設備 ………………………………… 144, 151
タイル・れんが・ブロック工事 …………… 144	電気設備工事 ………………………………… 151
ダウンライト照明 …………………………… 75	電気設備工事の総合概念図 ………………… 147
多機能工具 …………………………………… 124	電気設備施工図 ……………………………… 23
多機能測定器 ………………………………… 127	電気設備の技術基準 ………………………… 112
立ち上がりコンクリート打設 ………… 42, 43	電気設備の技術基準の解釈 ………………… 112
立ち上げ配管 ………………………………… 57	電気設備養生図 ……………………………… 59
立　馬 ………………………………………… 125	電気通信工事 ………………………………… 144
建具工事 ……………………………………… 143	電気ヒータ式 ………………………………… 153
多目的照明制御システム …………………… 156	電気用ゴム手袋 ……………………………… 125
単独発注 ……………………………………… 134	電気用品安全法 ……………………………… 107
	電気用品の表示 ……………………………… 107
地下階躯体工事 ………………………… 5, 36, 40	点　検 …………………………………… 90, 91
地下床スラブ施工 …………………………… 40	電源の二重化 ………………………………… 161
地上階躯体工事 ………………………… 5, 46	天井工事 ……………………………………… 143
中央監視制御設備工事 ……………………… 150	天井電源ダクトシステム …………………… 167
駐車管制装置 ………………………………… 74	天井伏図 ………………………………… 20, 22
駐車場 ………………………………………… 7	天井ボード貼り施工 ………………………… 66
駐車場管制制御システム …………………… 159	電　線 ………………………………………… 121
駐車場管制設備工事 ………………………… 150	電線管 ………………………………………… 121
中　水 ………………………………………… 153	電波障害対策 ………………………………… 9
朝礼広場 ………………………………… 2, 10	電力監視装置 ………………………………… 73
直圧式 ………………………………………… 153	電力引込設備工事 …………………………… 150
直流電源設備工事 …………………………… 150	電話設備工事 ………………………………… 150
ツール・ボックス・ミーティング ………… 99	導線引出端子 ………………………………… 51
	動力制御盤 …………………………………… 117
庭園・植栽施工 ……………………………… 82	動力設備工事 ………………………………… 150
デジタルマルチメータ ……………………… 127	登録電気工事基幹技能者 …………………… 92
鉄筋工事 ……………………………………… 141	登録電気工事業者登録票 …………………… 104
鉄筋工事業 …………………………………… 141	特殊音響設備工事 …………………………… 150
鉄筋用導線引出端子 ………………………… 49	特種電気工事資格者 ………………………… 72
鉄骨工事 ……………………………………… 141	特定電気用品 ………………………………… 107
鉄骨建て方施工 ……………………………… 58	特定電気用品以外の電気用品 ……………… 107
鉄骨用導線引出端子 ………………………… 59	床スラブコンクリート打設 ………………… 56
テレビ端子 …………………………………… 77	塗装工事 ……………………………………… 143
電圧測定 ……………………………………… 87	塗装仕上げ施工 ……………………………… 68
	土留め支保工 ………………………………… 32
	とび工事 ……………………………………… 141

土木・基礎工事	139	標　識	125
土木工事	139	表示設備工事	150
取扱い説明会	86, 88		
取扱い説明書	84	風力発電システム	160
		フープ筋	42

▶ナ 行◀

内線規程	112	ブラケット	77
内装工事	5, 60, 142	フリーアクセスフロア	78, 156
		プレートランマによる転圧	82
二重天井仕上げ	64	フロアコンセント	78
二重床	156	フロアライン	31
ニッパー	124	分割発注	134
入出退管理	9	分電盤	117
		分離発注	133
塗り代カバー	51		
		ベタ基礎杭	31
熱源設備	152	便　所	7
熱源設備工事	150	ベンチマーク	31
熱絶縁工事	144	変風量制御方式	157
年間サイクル	95		
		防　具	125

▶ハ 行◀

		防災設備	152, 153
排煙設備工事	150	防災設備工事	150
配管の耐震施工	59	防災盤	73
排水設備	8, 153	防水工事	144
排水設備工事	150	放送記念日	44
配線回路チェッカ	128	放送設備工事	150
配線器具	118	防排煙設備工事	150
配電盤	71	防爆電気工事	169
ハインリッヒの法則	102	防犯盤	74
箱基礎杭	31	保護具	125
場所打ち基礎杭	31	保　守	90, 91
柱・壁型枠鉄筋施工	42	保守および緊急連絡先一覧表	84
柱鉄筋工事施工	48	保証書	84
柱取付ボックス	49	舗装工事	144
ハッカー	55	舗装面のカット	80
発電機室機器設置・取付け工事	72	ボックスレス工法	77
発電機設備工事	150	歩道の掘削	80
ハンドホールの設置	83	ボード貼り工事	143
搬入エレベータ	9	ボトル仕舞い	57
		ホームオートメーションシステム	162
引下げ導体	49	ボルト	45
非常放送	74		

▶マ 行◀

非常放送盤	73	毎日の安全施工サイクル	96
非常用照明器具	119	間仕切り軽鉄施工	62
ビデオプロジェクタ	76	マスタ工程	5
人感センサ付スイッチ	118		
ヒートポンプ式	153	水切り端子	39
病院用配線器具	165	見積り随意契約	132

索　引

無停電電源供給装置 ………………………… 161

メディカルユニット ………………………… 165

▶ ヤ 行 ◀

油圧ミニショベルによる掘削 ……………… 80
誘導音付点滅型誘導灯 ……………………… 166
誘導灯 …………………………………… 76, 119
誘導灯設備 …………………………………… 166
床仕上げ工事 ………………………………… 143
床スラブ型枠施工 …………………………… 52
床スラブ配管 ………………………………… 41
床付け ………………………………………… 34
ユニットケーブル …………………………… 164
油燃焼式 ……………………………………… 153

揚重設備 ……………………………………… 9

▶ ラ行・ワ行 ◀

リスクアセスメント ………………………… 94
リニューアル ………………………………… 91
リモコンスイッチ …………………………… 118
リモートマイク ……………………………… 74

労働安全衛生法 ……………………………… 110
ロードローラによる転圧 …………………… 82

ワット ………………………………………… 45

▶ 英数字 ◀

BM …………………………………………… 31

CD管 ………………………………………… 121
EMケーブル ………………………………… 121
FL …………………………………………… 31
GL …………………………………………… 31
ITV設備工事 ………………………………… 150
JIS規格 ……………………………………… 108
KY …………………………………………… 100
KY活動 ……………………………………… 100
KYボード …………………………………… 100
LED ………………………………………… 119
LED照明 ……………………………… 115, 118, 119
OAタップ …………………………………… 118
OAフロア ……………………………… 78, 156
OAフロアコンセント ……………………… 118
PF管 ………………………………………… 121
TBM ………………………………………… 99
4S運動 ……………………………………… 95

本文イラスト：小島サエキチ

- 本書の内容に関する質問は，オーム社ホームページの「サポート」から，「お問合せ」の「書籍に関するお問合せ」をご参照いただくか，または書状にてオーム社編集局宛にお願いします．お受けできる質問は本書で紹介した内容に限らせていただきます．なお，電話での質問にはお答えできませんので，あらかじめご了承ください．
- 万一，落丁・乱丁の場合は，送料当社負担でお取替えいたします．当社販売課宛にお送りください．
- 本書の一部の複写複製を希望される場合は，本書扉裏を参照してください．
  JCOPY ＜出版者著作権管理機構 委託出版物＞

図解　ビル電気工事の実務
―はじめての現場―

2018 年 3 月10日　　第 1 版第 1 刷発行
2021 年10月10日　　第 1 版第 7 刷発行

著　者　一般財団法人 電気工事技術講習センター
発行者　村 上 和 夫
発行所　株式会社 オ ー ム 社
　　　　郵便番号　101-8460
　　　　東京都千代田区神田錦町3-1
　　　　電 話　03(3233)0641(代表)
　　　　URL　https://www.ohmsha.co.jp/

© 一般財団法人 電気工事技術講習センター 2018

印刷・製本　中央印刷
ISBN978-4-274-22202-3　Printed in Japan

関連書籍のご案内

電気設備用語辞典
第3版

一般社団法人 電気設備学会 編

約**4,500**語を収録した
電気設備技術者必携の用語辞典、決定版！

電気設備にかかわる方すべてを対象に、関連する電気設備、建築、空気調和・給排水衛生、情報通信などの用語を網羅した『電気設備用語辞典』の第3版です。

第2版の発行から5年強が経過し、この間電気設備を取り巻く環境は大きく変化しました。とくにICT分野の進展は著しく、建築電気設備・空調衛生設備においても情報通信設備を強く意識した設計開発・施工が求められるようになりました。そこで、今回の改訂では、情報通信分野の用語を大幅に追加し、現代の電気設備の実情にあった用語辞典としてまとめています。

◆ 定価(本体4700円【税別】)
◆ A5判・488頁

編集機関

電気設備用語辞典改訂編集委員会

◆ 委 員 長 …… 岡田 猛彦
◆ 委　　員 …… 蒲田　剛　　岸　克巳　　櫻井 義也
　　　　　　　　徳丸 司郎　中島 廣一　松本 喜義
　　前任委員 …… 石山 荘爾　小林 一美

もっと詳しい情報をお届けできます。
※書店に商品がない場合または直接ご注文の場合は右記宛にご連絡ください。

ホームページ　https://www.ohmsha.co.jp/
TEL／FAX　TEL.03-3233-0643　FAX.03-3233-3440

(定価は変更される場合があります)

A-1704-147